I. W. Husstedt

Der Suralisdoppelreiz

Technik und Methodik –
Zur Diagnostik von Polyneuropathien
und sensiblen Dysfunktionen

Mit 56 Abbildungen und 30 Tabellen

Springer-Verlag Berlin Heidelberg GmbH

Dr. Ingo W. Husstedt
Klinik und Poliklinik für Neurologie
der Westfälischen Wilhelms-Universität
Albert-Schweitzer-Str. 33
4400 Münster

ISBN 978-3-540-55357-1   ISBN 978-3-642-77433-1 (eBook)
DOI 10.1007/978-3-642-77433-1

Die Deutsche Bibliothek – CIP-Einheitsaufnahme

Husstedt, Ingo W.: Der Suralisdoppelreiz : Technik und Methodik ;
zur Diagnostik von Polyneuropathien und sensiblen Dysfunktionen ,
mit 30 Tabellen / I. W. Husstedt. –
Berlin ; Heidelberg ; New York ; London ; Paris ; Tokyo ; Hong Kong ; Barcelona ; Budapest :
Springer, 1992
ISBN 978-3-540-55357-1

WG:33   DBN 92.085207.6   92.06.11
1207   kl

2125/3130-543210 – Gedruckt auf säurefreiem Papier

Inhaltsverzeichnis

0 Übersicht

1 Einleitung

Bereits das klassische Altertum war mit Phänomenen der Bioelektrizität vertraut; die Berührung mit bestimmten Seefischen verursachte Muskelzuckungen und Schmerzen (56). Haller (1708 - 1777) (97) ordnet den Begriff "Sensibilität" den Nerven zu.

1791 berichtete Galvani in mehreren Veröffentlichungen über die Zusammenhänge zwischen Muskelkontraktion und Elektrizität (zit. nach 56). Noch im frühen 19. Jahrhundert stellte Müller (198) in seinem Handbuch fest, daß die Bestimmung der Nervenleitgeschwindigkeit wahrscheinlich nie möglich sein würde. Du Bois-Reymond soll 1843 die ersten elektromyographischen Ableitungen vorgenommen haben (57).

Die klassischen Versuche von Helmholtz und seinen Mitarbeitern 1867 (101, 102) stellen wesentliche Grundlagen der Neurographie motorischer menschlicher Nervenfasern dar. Hoffmann publizierte 1922 in seinen Veröffentlichungen die ersten Ergebnisse über Aktionspotentiale nach elektrischer Reizung eines motorischen Nervs (111). Im Vergleich zur motorischen Neurographie stellt die sensible Neurographie jedoch höhere Anforderungen an die Laborausstattung und Erfahrung des Untersuchenden.

Neben der Messung motorischer Nervenleitgeschwindigkeiten werden bereits wenig später auch von Helmholtz die ersten Messungen an sensiblen Nerven durchgeführt, die mit 60 m/sec heutigen Messungen gleichen.

Die Übernahme und Anwendung dieser Forschungsergebnisse in die klinische Diagnostik entwickelten sich zunächst nur zögernd. Die Arbeiten von Hodes und Mitarbeitern (109) führten dazu, daß die Bestimmung motorischer Nervenleitgeschwindigkeiten zur Funktionsdiagnostik einen erheblichen Stellenwert erlangte.

Durch die Entwicklung der Kathodenstrahlröhre von Braun (56) wurde die Registrierung der Aktionspotentiale wesentlich erleichtert, so daß diese Technik zu einem festen Bestandteil elektromyographischer Geräte wurde.

Einige Jahre später wurden in weitem Umfang Techniken zur Bestimmung sensibler Nervenleitgeschwindigkeiten veröffentlicht (47, 86).

Collins und Mitarbeiter (37) bestimmten als eine der ersten Autoren die Leitgeschwindigkeit des Nervus suralis. Es wurde eine antidrome Technik angewandt und die Leitgeschwindigkeit verschiedener Faserpopulationen bestimmt.

Die Refraktärzeit peripherer Nerven war bereits früh Gegenstand zahlreicher tierexperimenteller Untersuchungen wie z. B. von Erlanger und Gasser (67). Der Begriff Refraktärzeit wurde von Marey (180) inauguriert, der am Froschherzen eine Phase der Unerregbarkeit feststellte. Für dieses Zeitintervall benutzte er den Ausdruck "phase refractaire". Erst einige Jahrzehnte später wurde die Refraktärzeit in der klinischen Neurophysiologie zur Funktionsdiagnostik benutzt (136, 171). Eine wesentliche Voraussetzung zur breiteren Anwendung stellte die Entwicklung besserer Elektromyographiegeräte mit Averager-Technik dar, die eine Verbesserung des Signal-Rausch-Verhältnisses ermöglichten (136, 170, 171). Neurophysiologisch gelingt der Zugang zur Refraktärphase peripherer Nerven mit verschiedenen Techniken. Neben der Applikation von Serienimpulsen und der Bestimmung von Grenzfrequenzen, die der Nerv noch fortzuleiten vermag, setzte sich auch früh die Anwendung von Doppel- und Mehrfachreizen unterschiedlicher Intervalle durch. Diese Methode ist jedoch begrenzt durch die Toleranz des Patienten (171), der die einzelnen Impulse nicht mehr zu trennen vermag und als äußerst unangenehm empfindet.

Im Gegensatz zu tierexperimentellen Untersuchungen vermag ein Mensch aber meistens, trotz unangenehmer oder sogar schmerzhafter Empfindungen, die zu untersuchende Extremität ruhig zu halten und den Untersuchenden über die Perzeption zu informieren.

Die Belastung des Patienten während der Untersuchung stellt daher auch große Anforderungen an den Untersuchenden, der den Probanden oder Patienten durch die Untersuchung begleiten muß. Diese Probleme haben mit dazu geführt, daß die unterschiedlichen Techniken der repetitiven Stimulation keine Routineuntersuchung in der klinischen Neurophysiologie darstellen. Daube (44) ordnet die repetitive Stimulation daher auch als spezielle elektrische Untersuchung ein. Kimura (136) hält die Grenzen und den Wert dieser Methode für nicht genau umrissen. Hopf (123) sieht die Indikation zur repetitiven Stimulation bei leichten Funktionsstörungen peripherer Nerven. Normalbefunde der sensiblen Neurographie schließen Funktionsstörungen nicht aus, die dann erst durch repetitive Stimulation wie z. B. die Applikation von Doppelreizen erfaßt werden (123).

Versuch dieser Arbeit soll es sein, den Stellenwert der Doppelreiztechnik am Nervus suralis in der klinischen Neurophysiologie als eine der Möglichkeiten zur repetitiven Stimulation umfassend aufzuzeigen und die biologischen, technischen und methodischen Einflußgrößen dieser Technik näher zu untersuchen.

Weiterhin soll untersucht werden, ob bereits subklinische Veränderungen mit dieser Methode erfaßt werden können, die Relevanz für Normwertbildung haben könnten. Es sei daran erinnert, daß ca. 40 % der Bevölkerung der Bundesrepublik Deutschland rauchen (7). Bei unauffälligen klinischen Befunden und unauffälliger Anamnese wird ein rauchender Proband im allgemeinen aber aus einer Standardisierungsgruppe nicht ausgeschlossen (13, 175, 170, 171).

Um die Latenzzeitverlängerung nach Doppelreiz mit den anderen konventionellen neurophysiologischen Techniken zu vergleichen, müssen aber Normwerte für die Leitgeschwindigkeit des Nervus suralis nicht nur mit Oberflächen- sondern auch mit Nadelelektroden sowie ein Vergleichswert für einen anderen motorischen Nerven mit in die Beobachtung einbezogen werden.

Die Anwendung der Latenzzeitverlängerung nach Doppelreiz bei polyneuropathischen Syndromen und die Wertung im Rahmen der Literatur setzen eine eindeutige Kenntnis der Genese voraus. Daher wurde bewußt auf Fälle multifaktorieller und unbekannter Genese verzichtet. Ein besonderer Stellenwert soll der Beantwortung der Frage eingeräumt werden, ob die Doppelreiztechnik bereits bei minimalen klinischen Symptomen eine Objektivierung subjektiver Beschwerden erlaubt.

Ein eigenes Kapitel stellen die Ergebnisse bei der myatrophischen Lateralsklerose dar. Bei dieser Erkrankung besitzt die Latenzzeitverlängerung nach Doppelreiz eher einen Ausschlußcharakter, da ein pathologisches Ergebnis der Latenzzeitverlängerung nach Doppelreiz des Nervus suralis auf eine Beteiligung des sensiblen Systems hinweist, die bei motorischen Systemerkrankungen nur in Ausnahmefällen vorhanden sein soll (104).

Im letzten Abschnitt soll der Wert der Methode anhand von Langzeituntersuchungen bei Patienten mit Diabetes mellitus und HIV-Infizierten überprüft werden.

2 Anatomie des Nervus suralis

Der Nervus suralis stellt einen reinen Hautast dar, der sich in der Fossa poplitea aus dem Nervus tibialis bildet und zwischen den beiden Gastroknemiusköpfchen nach distal zieht. In seinem weiteren Verlauf durchbricht er die Fascia cruris und nimmt einen Ast vom Nervus cutaneus surae lateralis auf. Danach liegt er lateral neben der Achillessehne, zieht um den Malleolus lateralis und versorgt dann als Nervus cutaneus dorsalis lateralis die Außenseite des Fußes und der kleinen Zehe (29, 141, 170, 171, 205).

Neben der Achillessehne und neben dem Außenknöchel kann der Nervus suralis getastet werden, was eine Lageorientierung ermöglicht.

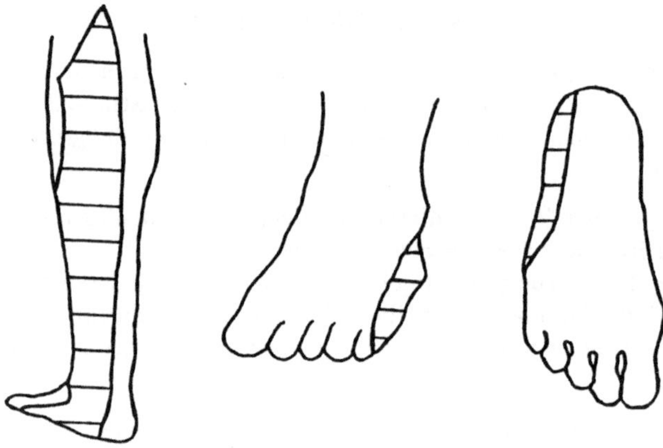

Abb. 1. Versorgungsgebiet des Nervus suralis an der Wade, an der Fußaußenkante und an der Fußsohle

Der Nervus suralis versorgt sensibel einen Bereich an der Rückseite der Wade, etwa von der Mittellinie bis zum Musculus peronaeus longus reichend und die laterale Kante des Fußes bis zur kleinen Zehe (s. Abb. 1) (141, 171, 205).

Von wesentlicher Bedeutung ist die Variabilität des anatomischen Verlaufs des Nervus suralis. Wie aus den Untersuchungen von Mamoli und Mitarbeitern (176) hervorgeht, kann die Distanz der Vereinigungsstelle mit dem Ast vom Nervus cutaneus surae lateralis von 13 bis 33 cm, vom Malleolus lateralis aus gemessen, differieren. Durchschnittlich ergab sich ein Wert von 19 cm. Obwohl der Nerv makroskopisch keine auffallend differenten Durchmesser aufwies, ist anzunehmen, daß die Faseranzahl des Nervus suralis je nach Variation der Vereinigungsstelle unterschiedlich sein dürfte.

Bei orthodromer Technik wird der Nervus suralis am Malleolus lateralis gereizt. Auch hier bestehen anatomische Varianten, die noch ausgeprägter sind als in den proximalen Anteilen (176).

3 Physiologische Grundlagen

3.1 Physiologie der Erregungsleitung

Auf die physiologischen Grundlagen der Genese des Ruhepotentials und der Fortleitung von Aktionspotentialen peripherer Nerven soll hier nur in soweit eingegangen werden, wie es zum grundlegenden Verständnis notwendig ist.

Das Ruhemembranpotential peripherer Nerven beruht in der Hauptsache auf unterschiedlichen intra- und extrazellulären Elektrolytkonzentrationen (Na^+, K^+, Cl^-) an der Axonmembran. Die Permeabilität der Membran ist ionenspezifisch. Für Na^+-Ionen beträgt die Durchtrittsfähigkeit nur ca. 1 % der Permeabilität gegenüber der für K^+-Ionen (259, 96, 260, 288). Unter Energieverbrauch in Form von ATP wird Na^+ im Zellinneren durch K^+ ersetzt. Die Nernst-Gleichung beschreibt das Gleichgewichtspotential an der Axonmembran bei Körpertemperatur (96, 136).

Im Ruhezustand ist die Axonmembran als Kondensator zu betrachten, und es besteht eine elektrische Spannung an der Membran, die meßbar ist. Die Potentialdifferenz beträgt im Ruhezustand 60 - 90 mV (136, 141), wobei die Innenseite negativ gegenüber der Außenseite geladen ist. Die Membran eines Axons ist sehr dünn, und das Ruhepotential ergibt ein elektrisches Feld von 100.000 Volt pro Zentimeter (59, 96, 136, 170, 171, 172, 259, 260, 287).

Ein adäquater Reiz führt zu einer Depolarisation und einem kurzen Stromfluß, der das Membranpotential verändert. Erst bei überschwelligen Reizen entsteht ein Aktionspotential, welches das im Nerv fortgeleitete Signal darstellt und z. B. sensible Reize von der Hautoberfläche zum cortikalen Areal vermittelt (287).

Die Ursachen der Umkehrung des Membranpotentials bestehen in der Permeabilitätsänderung für Ionen. Zunächst tritt durch die Depolarisierung ein rascher Anstieg der Na^+-Leitfähigkeit und eine Änderung des Potentials auf +20 mV ein. Bei Überschreitung des Schwellenwertes wird ein Aktionspotential ausgelöst. Ein Mechanismus der Na^+-Inaktivierung läßt die Na^+-Permeabilität wieder auf den Ruhewert sinken. Gleichzeitig kommt es zu einer Erhöhung der K^+-Permeabilität, wodurch die Rückkehr zum Ruhepotential eingeleitet wird. Außerhalb der Synapsen befinden sich überwiegend spannungsgesteuerte Na^+- und K^+-Kanäle. Die Fortleitung des Aktionspotentials geschieht durch Stromausbreitung und Depolarisierung benachbarter Axonabschnitte. Da der Widerstand eines Axons wesentlich größer ist als der eines metallischen Leiters, kann nur ein kurzer Streckenabschnitt überwunden werden, so daß eine Neubildung des Aktionspotentials notwendig wird. Der elektrotonische Stromfluß zieht Ladungen aus der Umgebung ab, wodurch wiederum eine Depolarisierung benachbarter Axonabschnitte eintritt. Hierdurch wird bei Überschreiten des Schwellenpotentials ein neues Aktionspotential ausgelöst (136, 170, 171, 173).

Prinzipiell kann ein Nerv in beide Richtungen leiten; durch die Refraktärzeit und die Ventilfunktion von Synapsen ist diese Möglichkeit jedoch begrenzt.

Bei der künstlichen Reizung von Nerven mit elektrischem Strom, wie sie in der klinischen Neurophysiologie angewandt wird, fließt von der positiven Reizelektrode - der Anode - ein Strom zur Kathode und führt zur Depolarisierung der Axonmembran. Die Definition des Stromflusses erfolgte hier aus technischer Sicht, bevor die genaueren physikalischen

Vorgänge bekannt waren. Aus physikalischer Sicht entsteht unter der Kathode ein Elektronenüberschuß, der zur Anode fließt. Unter der Kathode erfolgt eine Destabilisierung des Membranpotentials 136, 171).

3.2 Physiologie der Refraktärperiode

Die Axonmembran ist nach einer Impulsfortleitung für einen kurzen Zeitraum nicht mehr in der Lage, einen erneuten, auch extrem starken Reiz, mit einem Aktionspotential zu beantworten, selbst wenn dieser Reiz eindeutig überschwellig ist. Die Reizschwelle des Axons ist zu diesem Zeitpunkt unendlich hoch. Lediglich lokale Depolarisationen, die aber nicht fortgeleitet werden, konnten beobachtet werden (171).

Autor		absolute Refraktärzeit	relative Refraktärzeit
Kimura	(136)	0.5 - 1.0 msec	1.5 - 3.0 msec
Hopf	(123)	0.5 - 0.8 msec	3.0 - 3.5 msec
Hopf	(116)	0.4 - 0.6 msec	———
Dudel	(59)	ca. 1.0 msec	mehrere msec

Tabelle 1: Literaturangaben verschiedener Autoren zur allgemeinen Dauer der absoluten und relativen Refraktärperiode peripherer, menschlicher Nervenfasen (—: keine Angaben)

Diese Phase der absoluten Unerregbarkeit dauert 0,5 - 1,0 msec (59, 136) und wird im allgemeinen als absolute Refraktärperiode bezeichnet.

An diesen Zeitraum schließt sich die relative Refraktärperiode an, in der die Reizschwelle zwar endlich hoch, jedoch höher als normal ist. Diese Phase dauert etwa 1,5 - 3,0 msec (96, 136, 260). In der Tabelle 1 werden Literaturdaten zur Dauer der absoluten und relativen Refraktärzeit aufgelistet. An erregbaren Membranen sind auch eine supernormale und späte subnormale Periode, die insgesamt bis zu 100 msec dauern können, bekannt (119). Die Veränderungen der Leitgeschwindigkeit stehen auch in diesen Phasen der relativen Refraktärzeit in einem Verhältnis zur Membranerregbarkeit.

Die physiologischen Mechanismen der absoluten und relativen Refraktärperiode auf elektrochemischer Basis werden in einer Inaktivierung der Na^+-Leitfähigkeit gesehen. Während der absoluten Refraktärperiode ist die Axonmembran unerregbar, da die Permeabilität für Na^+-Ionen nicht umgehend wiederhergestellt werden kann. Während der relativen Refraktärperiode ist die Na^+-Permeabilität wiederhergestellt, hat aber noch nicht das Ausgangsniveau erreicht. Die Na^+-Permeabilität ist im Vergleich zur Leitfähigkeit vor der Stimulation deutlich herabgesetzt.

Der Durchmesser der spannungsgesteuerten Na^+-Kanäle beträgt 0,4 - 0,6 Nanometer und ist somit ausreichend, um ein Na^+-Ion mitsamt seinem gebundenen Wasser passieren zu lassen. Die Kanalproteine stellen elektrische Dipole dar, die sich in Abhängigkeit von der Stärke und Richtung des elektrischen Feldes anordnen. Stellungsänderungen führen zu Gestaltänderungen, die konsekutiv eine Änderung der Permeabilität induzieren. Die K^+-Kanäle sollen ähnlichen Funktionsmechanismen unterliegen (287).

De- und Repolarisationsmechanismen der Axonmembran sind eng mit Energieverbrauch gekoppelt (287). Aktiver Ionentransport kann erst geschehen, wenn ausreichend ATP an der Membran in Anwesenheit der ATP-asen vorhanden ist (96).

Insbesondere die repetitive Stimulation führt zu einer Zunahme des Sauerstoffverbrauchs und der Wärmeproduktion um bis zu 60 % (237). Die enge Koppelung an metabolische und funktionelle Prozesse wird hier besonders deutlich.

Pro Quadratmikrometer sollen 100 - 200 Natriumpumpen an der Axonmembran vorhanden sein, an einigen Stellen kann eine erheblich größere Anzahl erreicht werden (237).

Neben der strukturellen Normalität des Axons stellt die Integrität metabolisch-funktioneller Prozesse somit eine wesentliche Voraussetzung dar, um die ungestörte De- und Repolarisation und Impulspropagation zu gewährleisten.

Die enge Koppelung der absoluten und relativen Refraktärperiode an die metabolischen und funktionellen Vorgänge verdeutlicht die hohe Empfindlichkeit dieser Phase gegenüber Veränderungen verschiedener Genese. Sie erklärt auch die Einschätzung der Doppelreiztechnik während der Refraktärperiode als einen sehr sensiblen Parameter.

4 Geräteabhängige, technische Parameter der EMG-Apparatur

In diesem Kapitel sollen die in dieser Arbeit benutzten EMG-Geräte kurz beschrieben werden. Die technisch-apparativen Gegebenheiten werden kurz in ihrer Relevanz dargestellt. Diese Erläuterungen gelten im Prinzip für alle EMG-Apparaturen.

4.1 Gerät Tönnies DA II R

4.1.1 Allgemeine technische Daten

Das Gerät wurde in handelsüblicher Bauart zu Beginn der Entwicklung der Doppelreiztechnik verwendet. Es wurde ein Standard für die Latenzzeitverlängerung nach Doppelreiz und die Leitgeschwindigkeit des Nervus suralis an ca. 50 Probanden erarbeitet.

Die Zeitbasis des Oszilloskopes ist quarzgesteuert, die Vorverstärker haben einen Differenzeingang, die Eingangsimpedanz beträgt 2 x 100 MOhm.

Der Verstärker besitzt eine Gleichtaktunterdrückung von 100 dB und eine Empfindlichkeit von 5 μV/DIV bis zu 20 mV/DIV, die in zwölf Stufen einstellbar ist (DIV: Abkürzung für Division; Skaleneinheit). Der obere Filter ist in sechs Stufen von 30 kHz - 100 Hz einstellbar, der untere von 0,5 Hz bis 500 Hz in vier Stufen. Zusätzlich ist eine Reizartefaktunterdrückung vorhanden.

Die Zeitbasis wird digital quarzgesteuert. Es können Ablenkzeiten von 0,5 msec/DIV bis zu 2 s/DIV gewählt werden. Mit der Reizeinheit können Einzel-, Doppel-, Achtfach- und Serienreize appliziert werden mit einer Frequenz von 0.2 - 100 Reizen pro Sekunde in insgesamt elf Stufen. Die Impulsbreite ist von 0,05 msec bis zu 2 msec einstellbar.

4.1.2 Technische Ableitungsparameter

Als obere Grenzfrequenz wurde 3 kHz gewählt, als untere Grenzfrequenz 20 Hz. Die Zeitbasis betrug 1 msec/DIV. Das gewählte Programm gibt eine Empfindlichkeit von 10 μV/DIV vor, die bei geringer klinischer Symptomatik ausreichend zur Potentialabbildung erscheint. Bei ausgeprägt pathologischen Befunden kann eine Einstellung auf 5 μV/DIV notwendig sein. Die Untersuchungen wurden mit einem Rechteckimpuls von 100 μsec Dauer durchgeführt. Die Reizfrequenz scheint primär keine sichere Bedeutung für die Reproduzierbarkeit eines Nervenaktionspotentials zu haben, wenn sie sich eindeutig außerhalb der Refraktärperiode befindet. Es wurde mit einer Reizfrequenz von 2 Hz gearbeitet.

Die Averager-Technik verbessert das Signal-Rauschverhältnis und besitzt besondere Bedeutung bei der Ableitung von sensiblen Nervenaktionspotentialen und somatosensorisch evozierten Potentialen. In der Regel wird das Verhältnis Signal/Rauschen um den Faktor Wurzel n aus der Anzahl der Durchgänge verbessert (136, 171). Die kleineren Anteile des Nervenaktionspotentials unter 1 μV werden durch diese Methode sicher dargestellt. Die reproduzierbaren, periodischen Reizantwortpotentiale triggern den Averager und werden aufsummiert. Artefakte, Verstärkerrauschen und andere Signale, die nicht in einem Verhältnis zum Reiz stehen, werden dagegen reduziert. Pathologische Nervenaktionspotentiale können mitunter Averagerdurchgänge von 1000 Mittelungen notwendig machen, um Potentialanteile mit niedrigen Amplituden sicher vom Rauschen zu differenzieren. Im allgemeinen wurden 32 Mittelungen aufsummiert.

4.2   Gerät Schwarzer-Picker Basis 8000

4.2.1   Allgemeine technische Daten

Es handelt sich um einen Gerät, das auf der Basis einer digitalen Datenverarbeitung wie bei einem Computer biologische Signale verstärkt und darstellt. Neben fest installierten Programmen können externe Programme entwickelt und zum Einsatz gebracht werden. Auch die Speicherung von Ergebnissen auf Disketten ist ohne Probleme durchführbar.

Die Verstärker haben eine Eingangsimpedanz von mehr als 100 MOhm und eine Gleichtaktunterdrückung von mehr als 100 dB. Die Empfindlichkeit ist einstellbar von 5 μV bis zu 20 kμV/DIV (Angabe des Herstellers; 1 kμV = 1 mV). Der Frequenzbereich geht von 0,1 Hz bis zu 20 kHz. Der obere Filter ist von 20 Hz bis 20 kHz einstellbar, der untere von 0,1 Hz bis zu 500 Hz.

Die Zeitbasis ist in zwölf Schritten von 0,2 sec/DIV bis 1,0 sec/DIV einstellbar. Getriggert wird durch den Stimulator, Leitgeschwindigkeit und Amplituden sind durch Marker digital meßbar.

4.2.2   Technische Ableitungsparameter

Als obere Grenzfrequenz wurde 5 kHz gewählt, als untere 20 Hz. Diese Werte wurden sowohl bei den sensiblen als auch bei den motorischen Ableitungen konstant eingehalten.

Als Zeitbasis wurde 2 msec/DIV für die sensiblen und motorischen Ableitungsprogramme gewählt. Für die repetitive Stimulation und Bestimmung der Latenzzeitverlängerung nach Doppelreiz ist diese Zeitbasis notwendig, da ansonsten Nervenaktionspotentiale, die mit Nadeln abgeleitet wurden und verbreitert erscheinen, eventuell nicht mehr vollständig auf dem Bildschirm dargestellt werden.

Als Verstärkung für die sensiblen Nervenaktionspotentiale wurde 10 μV/DIV gewählt. Sehr kleine Potentiale, insbesondere von geschädigten Nerven, machen es gelegentlich notwendig, mit einer Verstärkung von 5 μV/DIV zu arbeiten. Diese Maßnahme erscheint nicht so problematisch, wenn der erste positive Peak zur Latenzbestimmung benutzt wird. Die motorischen Ableitungen wurden mit einer Verstärkung von 2 mV/DIV durchgeführt. Da hier der negative Abgang von der Grundlinie als Latenzangabe herangezogen wurde, erscheint es problematisch, die Verstärkung zu verändern, da mit abfallender Verstärkung pro Division besonders am Beginn des Nervenaktionspotentials bereits Anteile abgebildet werden, die die Latenz verändern. Hierdurch wird die Reproduzierbarkeit der Befunde eingeschränkt. Hoch pathologische Potentiale lassen jedoch öfter keine andere Möglichkeit zu.

Die Stimulation wurde mit 2 Reizen pro Sekunde durchgeführt. Die Reizimpulse stellten Rechteckimpulse von 0,2 msec Dauer dar, die mit einem handelsüblichen Reizblock appliziert wurden (s. Kap. 5.3.3).

Es wurden 16 - 32 Durchläufe aufsummiert, pathologische Befunde können wesentlich höhere Averagerdurchläufe notwendig machen.

5 Ableitung der Nervenaktionspotentiale

5.1 Vorbereitung des Untersuchenden

Zur Zeit sind die Meinungen noch geteilt, ob HIV-infizierte Patienten nur mit Handschuhen untersucht werden sollen. Es besteht aber auch die Möglichkeit, daß notfalls mit Körpersekreten eines Patienten umgegangen werden muß wie z. B. Blut oder Erbrochenem.

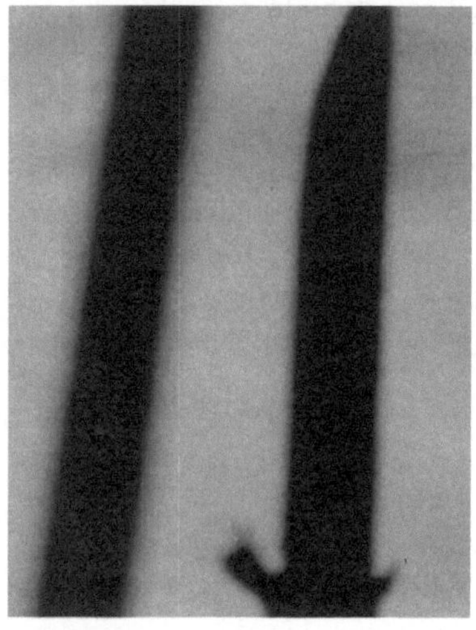

Abb. 2. Handelsübliche mit Teflon beschichtete Nadelelektroden. Die linke Elektrode wurde ca. 50 mal benutzt, die Oberfläche ist intakt. Rechts eine Elektrode mit unzweckmäßiger Beschichtung, die bereits nach zehn Anwendungen auffasert

Grundsätzliche Probleme können mit Teflon beschichtete Nadelelektroden aufwerfen, deren Isolierung defekt geworden ist, so daß eventuell Gewebe- und Sekretreste noch Infektionsquellen darstellen. Zusätzlich verursachen Beschädigungen der Isolierung neben den technischen Artefakten dem Patienten unnötige Schmerzen (Abb.2). Es ist aus diesen Gründen notwendig, die Nadelelektroden regelmäßig unter dem Mikroskop zu überprüfen.

5.2 Vorbereitung des zu Untersuchenden

Für die Ableitung von Aktionspotentialen des Nervus suralis ist die Bauchlage zu bevorzugen, wobei die Arme entlang des Körper und nach unten leicht angewinkelt gelegt werden sollten. Der Kopf wird am besten auf eine Seite gedreht, eventuell so, daß der Patient noch einen Teil des Bildschirms mit den Nervenaktionspotentialen sehen kann, was ablenkend wirkt und den Patienten mehr an "seiner" Untersuchung teilhaben läßt. Ziel ist es, eine maximale Entspannung des zu Untersuchenden zu erreichen.

Durch die flache Lagerung auf dem Bauch und parallele Position der Arme zum Rumpf liegt der Patient häufig entspannter, als wenn die Arme unter dem Kopf verschränkt würden. Der Fußrücken ragt so über die Liegenkante hinaus, daß eine entspannte Haltung des Fußes möglich ist. Bei der Ableitung von Aktionspotentialen des Nervus suralis ist erfahrungsgemäß so eine bessere Stabilität gegen unbeabsichtigte Lageveränderungen der Nadelelektroden gegeben als bei der Seitenlagerung. Die seitliche Position zur Untersuchung sollte nur bei zu Untersuchenden angewandt werden, die Schwierigkeiten mit der Bauchlage haben wie z. B. nach Operationen im Bauchraum oder aber bei Patienten mit einem Parkinson-Syndrom. Die Lagerung der Partie zwischen Unterschenkel und Fußrücken auf einer Rolle kann häufig Patienten die Entspannung während der Untersuchung wesentlich erleichtern. Entsprechende Erfahrungen scheinen auch von den Erstautoren der Neurographie des Nervus suralis gemacht worden zu sein, wenn man die Abbildungen in den Publikationen betrachtet (12, 50, 176). In Bauchlage kann man den Sulcus, in welchem der Nervus suralis neben der Sehne verläuft, gut tasten und so bereits den Applikationspunkt für die Elektroden genauer lokalisieren.

Zur Bestimmung der distalen Latenz und der Leitgeschwindigkeit des Nervus peronaeus wurde die Lagerung auf dem Rücken durchgeführt, wie es allgemein üblich ist. Das Kopfende der Liege sollte so hoch eingestellt sein, daß der Patient bequem und entspannt liegt. Gelegentlich kann dem Patienten durch ein Kissen in der Kniekehle die Entspannung erleichtert werden.

Patienten mit Herzschrittmachern müssen vor der Untersuchung besonders intensiv aufgeklärt werden, da hier doch ausgeprägtere Ängste bestehen können, daß eine Gefährdung durch die Stimulation eintritt. Viele Geräte sind für Patienten mit implantierten Schrittmachern zugelassen, während sie für externe Schrittmacher eine Gefahrenquelle darstellen. Bei liegendem Herzkatheter oder anderen kardialen Kontakt herstellenden Meßkathetern ist die Gefahr einer direkten Stromleitung zum Herzen nicht zu unterschätzen (136).

5.3   Auswahl der Elektroden

Im Routinebetrieb wurden nur handelsübliche Elektroden benutzt.

5.3.1   Oberflächenelektroden

Die Elektroden unterscheiden sich durch Form, Größe und Oberflächenbeschaffenheit. Als Elektrodenmetall wird Stahl, Zinn oder auch Silber und eventuell Platin verwendet. Gesinterte Silber-Silberchlorid-Elektroden werden nur selten verwandt, obwohl in der Elektroenzephalographie diese Materialien von nicht unerheblichem Vorteil zu sein scheinen (8, 235). Die Form der Elektroden variiert sehr.

Die Untersuchungen mit dem Elektromyographiegerät DA II R von Tönnies wurden mit herkömmlichen Oberflächenelektroden aus dem Angebot des Geräteherstellers durchgeführt. Alle weiteren Untersuchungen wurden mit Oberflächenelektroden der Firma DISA durchgeführt. Die Ableitung der sensiblen und motorischen Nervenaktionspotentiale erfolgte mit den gleichen Elektroden. Das Material ist Zinn, die Abmessungen der rechteckigen Elektroden betragen 6 x 12 x 1,5 mm. Die Länge des abgeschirmten Anschlußkabels beträgt 80 cm.

5.3.2   Nadelelektroden

Alle subkutanen Aktionspotentialableitungen vom Nervus suralis wurden mit Elektroden der Firma DISA vom Typ 13 L 64 durchgeführt. Diese Elektroden sind relativ dünn. Die

indifferente Elektrode ist 15 mm lang und besitzt eine nicht isolierte Elektrodenspitze von
2 qmm. Die differente Elektrode ist 30 mm lang und die Elektrodenspitze 3,5 qmm groß.
Der Nadeldurchmesser beträgt 0,4 mm. Die übrigen Teile außer den Anschlüssen sind mit
Teflon beschichtet.

Von Nachteil ist, daß sich diese relativ dünnen Nadeln bei Patienten mit strukturellen
Hautveränderungen, wie sie z. B. bei diabetischer Polyneuropathie vorhanden sein können,
manchmal leicht verbiegen.

5.3.3 Stimulationselektroden

Zur Stimulation wurden handelsübliche Elektroden benutzt. Neben Filzeinsätzen für die
Buchsen der Stimulationselektroden werden auch Elektroden aus Metall angeboten, die
mit einem Kunstlederüberzug versehen sind. Wichtig ist es, die Elektroden ausreichend
feucht zu halten, um einen ungehinderten Stromfluß zu gewährleisten.

Stimuliert werden muß mit der Kathode. Wenn der Rechteckimpuls für die Stimulation
appliziert wird, so findet eine Depolarisation unter der Kathode statt, während unter der
Anode die Axonmembran hyperpolarisiert wird. Am Ende des Impulses findet, relativ
gesehen zum Ausgangsniveau, auch unter der Anode eine gewisse Depolarisation statt,
die auch als Stimulus wirken kann. Daher ist es eminent wichtig, die Kathode als solche zu
identifizieren. Hieraus ergibt sich bei orthodromer Ableitung von Aktionspotentialen des
Nervus suralis die proximale Plazierung der Elektrode. Der longitudinale Stromfluß ist
aufgrund des histologischen Aufbaus wirksamer als der transversale, da der Strom durch
das Axonplasma geleitet wird (234).

Welche Bedeutung dem Material der Stimulationselektrode zukommt, wird in der Literatur nicht eindeutig beantwortet (274). Zu Beginn der transkutanen Nervenstimulation
scheint jedoch die Impedanz der Haut größeren Veränderungen zu unterliegen, bis eine
Stabilisierung eintritt (244). Die Untersuchungsergebnisse des Kapitels 7.2.1 treffen prinzipiell auch für die Stimulationselektroden zu. Die Untersuchungen auf dem Gerät DA II
R wurden mit handelsüblichen Stimulationselektroden der Firma Tönnies durchgeführt,
im weiteren Verlauf wurden Stimulationselektroden der Firma DISA benutzt. Es handelt
sich um bipolare Oberflächenelektroden, die aus zwei Edelstahlhaltern bestehen, in die
Filzeinsätze eingesteckt werden. Der Durchmesser der Filzelektroden beträgt 7 mm und
der Mittenabstand 23 mm. Das Anschlußkabel ist 2 m lang.

5.3.4 Erdungselektroden

Reizartefakte stellen sich in vermehrten Maße bei der Ableitung sensibler Nervenaktionspotentiale dar, weil bei dieser Methode mit hohen Verstärkungen gearbeitet wird. Die
Erdungselektrode trägt zur Verminderung dieser Artefakte bei. Sie muß sich immer zwischen Stimulations- und Ableitelektroden befinden (170, 171).

Es wurden Erdungselektroden der Firmen Disa und Toennies bei der Ableitung sensibler
Nervenaktionspotentiale und der Untersuchung motorischer Nerven verwendet.

5.4 Ableitungsmethode

5.4.1 Präparation des Übergangs Haut/Ableitelektrode und Haut/Stimulationselektrode

Um eine gute Ableitung des Nervenaktionspotentials zu erzielen, muß die Hautoberfläche unter den Ableitelektroden gesondert vorbereitet werden. Als erste Maßnahme wurde eine Reinigung der Haut mit einem herkömmlichen Hautdesinfektionsmittel durchgeführt. Diese Entfettung bewirkt eine Verminderung des elektrischen Widerstands. Danach wurde die Haut mit einem Glasfaserstift bearbeitet.

Wenn in einem zweiten Untersuchungsgang noch zusätzliche Nadelelektroden appliziert wurden, so erfolgte eine erneute Hautdesinfektion. Zur Verminderung des Übergangswiderstands zwischen Haut und Elektrode wurde ein handelsübliches Kontaktgel eingesetzt. Zur Ableitung motorischer Nervenaktionspotentiale mit Oberflächenelektroden wurde die Hautoberfläche ebenso vorbereitet.

Die Stimulationspunkte am Außenknöchel, am Fußrücken und am Fibulaköpfchen wurden in der gleichen Art zur Stimulation vorbereitet, Elektrolytpaste wurde jedoch nicht benutzt. Zwischen dem Kontaktgel und der Elektrodenoberfläche entsteht ein Elektrodenpotential, das im allgemeinen durch die Verstärkereigenschaften nicht dargestellt wird. Bei schlecht gepflegten oder defekten Elektroden und gleichzeitiger Bewegung des Patienten können Änderungen des Elektrodenpotentials entstehen, die als Potentialdifferenz abgeleitet und verstärkt werden (8, 235).

5.4.2 Optimierung des Stimulations- und Ableitpunktes

Abgeleitet wurden die Aktionspotentiale des Nervus suralis in der Wadenmitte. Die differente Elektrode wurde über dem topographisch-anatomischen Verlauf des Nervus suralis befestigt, die indifferente im Abstand von circa zwei cm lateral daneben. Danach wurde am Malleolus lateralis stimuliert und das Potential vermessen. Häufig ist es notwendig, die differente Elektrode erneut zu plazieren, um den optimalen Ableitpunkt mit der größten Amplitude zu finden.

Gelegentlich kann es geschehen, daß das Nervenaktionspotential invertiert auf dem Bildschirm erscheint. Ein mehr lateraler Verlauf des Nervus suralis ist in diesen Fällen die Ursache, so daß die Polarität der Elektroden vertauscht ist. Nach Korrektur der Elektrodenposition erscheint das Potential in gewohnter Weise auf dem Bildschirm.

Die Ableitungen mit Nadelelektroden wurden im allgemeinen nach der Ableitung mit Oberflächenelektroden durchgeführt. Da die Eindrücke der Oberflächenelektroden auf der Haut gut zu sehen sind, bereitet die primäre Plazierung der differenten und indifferenten Nadelelektrode zunächst keine Schwierigkeiten. Weil der Nervenverlauf unter der Haut nicht eindeutig ersichtlich und die Spitze der Nadelelektrode sehr klein ist, kann es geschehen, daß trotz eines eindeutigen Potentials mit der Oberflächenelektrode zunächst kein Potential mit der Nadelelektrode ableitbar ist. Meistens empfiehlt es sich, die Elektrode mehr zur Mittellinie vorzuschieben.

Um die maximale Amplitude herauszufinden, muß die Ableitelektrode möglichst nah am Nerven plaziert werden. Im allgemeinen wurde so vorgegangen, daß in senkrechter Einstichrichtung die differente Elektrode soweit vorgeschoben wurde, bis keine höhere Amplitude mehr erreicht werden konnte. Danach erfolgte einige Millimeter lateral und medial

der Einstichstelle eine erneute Sondierung durch schrittweises Vorschieben der Nadelelektrode, um keine nervennähere Positionsmöglichkeit mit einer höheren Amplitude zu
übersehen.

Die Stimulation des Nervus suralis erfolgte am Malleolus lateralis. Bei konstanter Lage
der Ableitelektrode wurde am Knöchel der optimale Reizpunkt bestimmt. Als Maßstäbe
hierzu gelten neben der Leitgeschwindigkeit und der Amplitudenhöhe die Angaben des
Patienten über Par- und Dysästhesien im Ausbreitungsgebiet des Nerven. Der Reizblock
muß fest an die Haut gedrückt werden, um eine ausreichende Stromapplikation zu gewährleisten. Ein leichtes Kippen oder Drehen in Längsrichtung führt oft zu einer besseren
Stimulation, da die Konkavität der Regio malleolaris ausgeglichen wird. Bei diesen Maßnahmen ist zu beachten, daß der longitudinale Stromfluß im Nerven erhalten bleibt.

Zur Bestimmung der motorischen Leitgeschwindigkeit des Nervus peronaeus wurde im
Prinzip nach der gleichen Methode verfahren. Die Haut über dem Musculus extensor
digitorum brevis wurde entsprechend vorbereitet, und die Elektroden wurden vor dem
Festkleben mit Kontaktcreme versehen. Die indifferente Elektrode wurde über dem Seh-
nenansatz plaziert. Durch Suchen des geeigneten Ableitortes werden die maximale Amplitudenhöhe und der negative Abgang des Potentials von der Grundlinie bestimmt.

Die Haut an der distalen und proximalen Stimulationsstelle wurde nach dem bereits für
den Nervus suralis beschriebenen Verfahren präpariert. Distal wurde am Übergang zwischen Fußrücken und Unterschenkel stimuliert, wobei der Stimulationsort solange variiert
wurde, bis die maximale Amplitude erreicht war. Proximal wurde am Fibulaköpfchen
stimuliert. Auch hier wurde solange der optimale Reizort gesucht, bis die maximale Amplitude des Nervenaktionspotentials erreicht war. Häufig muß der Reizblock kräftig in die
Haut gedrückt werden. In solchen Fällen kann man den Patienten auffordern, sein Knie
nach unten auf die Liegenoberfläche und gegen den Reizblock zu drücken. Mit dieser Maßnahme gelingt es öfter, auch noch motorische Potentiale von schwerer geschädigten Nerven
abzuleiten. Stark pathologische Potentiale können oft auch durch Einsatz des Averagers
noch sicher von Artefakten getrennt werden.

5.4.3   Distanzbestimmung des Nervensegments

Zur Bestimmung der Distanzen zwischen Reiz- und Ableitelektrode wurde ein flexibles
Maßband verwendet, das entlang des topographisch-anatomischen Nervenverlaufs gelegt
wurde. Bei der Ableitung von Potentialen des Nervus suralis wurde immer ein Abstand
von 15 cm zwischen der Reiz- und Ableitelektrode gewählt, gemessen von Reizelektrodenmitte zu Ableitelektrodenmitte. Die Gründe für dieses Verfahren sind dem Kapitel 7.2.2
zu entnehmen. Die distale Latenz des Nervus peronaeus wurde mit einer Distanz von 7,5
cm zwischen Reiz- und Ableitelektrode bestimmt. Dieser Abstand ermöglicht Vergleiche
zu mehreren Literaturwerten. Häufig müssen auch hier die Elektroden neu plaziert werden, um diese Distanz einzuhalten. Die Haut sollte bei den Distanzbestimmungen nicht
verschoben werden, um die Fehlerbreite bei der Distanzbestimmung zu vermindern.

5.5   Temperaturmeßmethode

Für die Ableitungen vom Nervus suralis wurde die Haut des Unterschenkels mit einem
Infrarotheizelemet auf 37 °C erwärmt. Dazu wurde der Mittelpunkt des Infrarotheizele-

ments 12 cm über dem Temperaturmeßfühler auf der halben Strecke zwischen Reizelektrode und Ableitelektrode (7,5 cm) fixiert. Dieser Punkt wurde mit demselben Verfahren wie die Distanzbestimmung zwischen Reiz- und Ableitelektrode bestimmt, so daß der Temperaturmeßpunkt direkt über dem topographisch-anatomischen Verlauf des Nervus suralis liegt. Sobald 37 °Celsius erreicht waren, wurde die Messung vorgenommen. Die Ableitung der distalen Latenz und der Leitgeschwindigkeit des Nervus peronaeus wurde ebenfalls bei einer Temperatur von 37 °Celsius vorgenommen.

Der Temperaturmeßpunkt wurde nach demselben Verfahren - wie im Kapitel 5.4.3 beschrieben - auf der halben Distanz zwischen Ableitelektrode und distalem Stimulationspunkt bzw. zwischen dem proximalen und distalen Stimulationspunkt gewählt.

Grundsätzliche Untersuchungen zur Bedeutung des Temperatureinflusses auf die Normwertgestaltung der einzelnen Parameter des Nervus suralis sind dem Kapitel 7.2.2 zu entnehmen. Für die Doppelreiztechnik gewinnen diese Probleme besondere Bedeutung, da die Refraktärität und damit auch die Latenzzeitverlängerung nach Doppelreiz exponential temperaturabhängig ist (168).

6 Normwertkollektive

In diesem Kapitel sollen die Normwerte, welche als Basis der Beurteilung einzelner Patientenkollektive dienen, dargestellt werden. Einerseits sind diese Werte von den technischen Parametern abhängig, andererseits auch von der Struktur des Probandenkollektivs. Stark divergierende Untersuchungstechniken lassen einen absoluten Vergleich der Werte verschiedener Laboratorien meistens nicht zu, so daß immer eine individuelle Wertung notwendig ist.

Besondere Probleme bereitet die Rekrutierung älterer, gesunder Probanden, die aus verständlichen Gründen zahlenmäßig unterrepräsentiert sind. Probleme bereiten auch die "neurologisch gesunden" Probanden, die zwar keine manifeste Erkrankung des Nervensystems aufweisen, aber trotzdem z. B. wegen einer Herzinsuffizienz digitalisiert worden sind. Im engeren Sinne handelt es sich nicht mehr um gesunde Probanden, und gerade die Doppelreiztechnik weist bei Genußgiften und Medikamenten subklinische Funktionsstörungen nach (s. Kap. 9).

Zu Beginn soll daher zunächst eine Übersicht verschiedener Normwerte aus der Literatur erfolgen (Tab. 2 - 5). Um Vergleiche zu ermöglichen, wurden Tabellen für ähnliche technisch-methodische Verfahren erstellt. Die Literaturangaben zur Doppelreiztechnik des Nervus suralis sind so spärlich, daß eine gesonderte Tabellendarstellung nicht mehr sinnvoll erscheint.

Autor	Anzahl n	Temperatur °C	Leitgeschw. m/sec	Alter Jahre	Amplitude μV
Neundörfer (209)	30	korrigiert auf 35 °C	56.7 $\pm$ 6.1	18 - 30	(10 - 46) 27.33 Potentialbreite: 1.31 $\pm$ 0.26 msec
Buchthal (25)	112	35-37	57.4 $\pm$ 0.04 x Alter $\pm$ 3.7	15 - 80	——

Tabelle 2: Normwerte für das Suralissegment Malleolus lateralis - Wade bei orthodromer Technik und Stimulation mit Oberflächenelektroden bei Ableitung mit Nadelelektroden. Aufgelistet ist die Spanne oder der Mittelwert, zum Teil ohne Standardabweichung, gemäß den zitierten Publikationen. Zusätzliche Zahlen in Klammern geben die Spanne an. (——: keine Angaben) (Angegeben wird nur der Erstautor)

Alle statistischen Untersuchungen dieses Kapitels wurden mit Hilfe des Programmpakets SPSS durchgeführt. Die Normalverteilung der Normwerte für die neurophysiologischen Untersuchungen des Nervus suralis und peronaeus wurden mit dem Programm STATGRAPHICS Version 2.6 durchgeführt. Untersucht wurde die Streckung der Summenhäufigkeitskurve zur Geraden, wobei die Grenzen auf 5 % Irrtumswahrscheinlichkeit festgelegt wurden (243).

Die statistischen Untersuchungen und Auswertungen der anderen Kapitel basieren auf denselben Programmen und derselben Literatur.

Für die neurophysiologischen Meßwerte des Nervus peronaeus ist die Methode einheitlicher, so daß in dieser Tabelle auf eine gesonderte Unterteilung verzichtet wurde.

Autor	Anzahl n	Temperatur Grad C	Leitgeschw. m/sec	Alter Jahre	Amplitude μV
Shiozawa (258)	40	Warmes Wasser	44 ± 4.7	13 - 41	(1.9 - 17) 6.2
Burke (29)	45	Warmes Wasser	46.2 ± 3.7	21 - 40	16.4 ± 5.5
Actil (1)	30	32 - 34	60.5 ± 3	—	11.6 ± 2.7
Ewert (71)	51	37 - 38	59.4 ± 5.0	18 - 72	6.5 ± 3.0
Cape (31)	100	Haut-temp.	(31.6 - 48.3) 38.3	6 - 60	(4.0 - 42) 10.8
Schuchmann (250)	56	Hand-kontr.	40.1	13 - 66	—
Burke (29)	89	—	(40.0 - 54.7) 45.5 ± 3.1	0 - 80	6 - 42
Jörg (130)	75	37.0 ± 0.5	59.4 ± 5.0	—	—
Lefebvre (154)	30	32 - 34	56.8 ± 3.7	23 - 73	—

Tabelle 3: Normwerte für das Suralissegment Malleolus lateralis-Wade (orthodromer Technik); nur Oberflächenelektroden. Aufgelistet ist die Spanne oder der Mittelwert, zum Teil ohne Standardabweichung gemäß den zitierten Publikationen. Zusätzliche Zahlen in Klammern geben die Spanne an. (—: keine Angaben) (Angegeben wird nur der Erstautor)

Autor	Anzahl n	Temperatur Grad C	Leitgeschw. m/sec	Alter Jahre	Amplitude μV
DiBenedetto (50)	62	—	46,2 ± 3,3	<15	15 - 36
Mamoli (176)	61	korrigiert auf 35°C 2/m/sec/C	55,43 ± 4,26 - 0,01 x Alter	15 - 76	15,8 ± 4,2 - 0,07 x Alter
Behse (12)	21	36 - 37	56,5 ± 3,4	15 - 30	12,6 ± 5,4
Neundörfer (209)	30	korrigiert auf 30 °C	47,5 ± 4,8 (Potentialbreite: 1,31 ± 0,26)	17 - 30	(2,7 - 34) 12,21
Truong (296)	102	29,4	(41,7 - 58,8) 51,0 ± 3,8	16 - 72 35,8	16,9 ± 5,3
Lehmann (157)	150	36,8 ± 1,2	53,1 ± 5,2	11 - 70	2 - 50
Tackmann (278)	11	33 - 35	54,4 ± 5,9	20 - 35	(12,6 - 29,7) 17,5 ± 4,8
Tackmann (278)	5	33 - 35	55,2 ± 5,7	40 - 60	(5,3 - 23,4) 13,1 ± 6,7
Jörg (129)	65	37,0 ± 0,5	59,4 ± 5,0	—	—
Crepaldi (39)	30	35	—	>42,8	36 - 55
Crepaldi (39)	69	27 - 33	45,8 ± 6,3	13 - 81	15,6 ± 8

Tabelle 4: Normwerte für das Suralissegment Malleolus lateralis-Wade bei anderen Techniken als in den Tabellen 2 und 3. Aufgelistet ist die Spanne oder der Mittelwert, zum Teil ohne Standardabweichung gemäß den zitierten Publikationen. Zusätzliche Zahlen in Klammern geben die Spanne an. (—: keine Angaben) (Angegeben wird nur der Erstautor)

Autor	Anzahl n	Temperatur °C	Leitgeschw. m/sec	Alter Jahre
Behse (12)	22	35 - 37	54,2 ± 3.9	15 - 33
Behse (12)	20	35 - 37	53,4 ± 4.1	40 - 65
Schuchmann (250)	56	Hand	52,0 ± 4,0	14 - 66
Lefebvre (154)	30	32 - 34	49,5 ± 3,8	23 - 73
Hodes (109)	—	35	>43	Alter
Crepaldi (39)	30	35	> 43,6	15 - 35
Crepaldi (39)	30	35	> 41	36 - 55
Franz (76)	71	—	49,6 ± 3,1	13 - 71
Kimura (136)	75	33	55,9 ± 4,05	20 - 75
Mamoli (177)	60	34	48,3 ± 3,9	16 - 86
Soyka (266)	39	29 - 34	51,6 ± 4,1	18 - 66

Tabelle 5a: Normwerte zur Leitgeschwindigkeit des Nervus peronaeus bei diversen Techniken. Aufgelistet ist der Mittelwert, zum Teil ohne Standardabweichung gemäß den zitierten Publikationen. Zusätzliche Zahlen in Klammern geben die Spanne an. (—: keine Angaben) (Angegeben wird nur der Erstautor)

Autor	distale Latenz	Amplitude des Potentials
	msec	bei distaler Stimulation mV
Behse (12)	4,4 ± 0,57	12,5 ± 5,6
Behse (12)	4,1 ± 0,52	11,5 ± 4,8
Hodes (109)	9,0 (10cm)	—
Crepaldi (39)	< 6,4	> 5
Crepaldi (39)	< 6,7	> 5
Ludin (171)	3,519 + 0,0013x Alter ± 0,549	—
Mamoli (177)	3,77 ± 0,86	5,1 ± 2,3
Jiminiez (128)	3,77 ± 0,77	5,0 ± 1,5

Tabelle 5b: Normwerte für die distale Latenz und Amplitude des muskulären Antwortpotentials des Nervus peronaeus nach distaler Stimulation bei diversen Techniken. Aufgelistet ist die Spanne oder der Mittelwert, zum Teil ohne Standardabweichung gemäß den zitierten Publikationen. Zusätzliche Zahlen in Klammern geben die Spanne an. (—: keine Angaben) (Angegeben wird nur der Erstautor)

6.1 Normwerte des Nervus suralis

6.1.1 Verwendung von Oberflächenelektroden

In diesem Kapitel sollen die Ergebnisse der Standardisierung der neurophysiologischen Parameter des Nervus suralis mit Oberflächenelektroden dargestellt werden. Zusätzlich werden die Ergebnisse des wesentlich kleineren Normwertkollektivs, das auf dem älteren Elektromyographiegerät Tönnies DA II R mit anderen Oberflächenelektroden untersucht wurde, kurz in dem Kapitel 6.1.1.7 dargestellt, da sie für das Kapitel 9.1 relevant sind.

6.1.1.1 Beschreibung des Probandenkollektivs

Insgesamt wurden zur Standardisierung und Erstellung von Normwerten des Nervus suralis mit Oberflächenelektroden 173 Probanden untersucht.

Eine Voraussetzung zur Aufnahme in das Normwertkollektiv war die Tatsache, daß keine chronischen Erkrankungen bestanden und keine Dauermedikation vorlag. Die Einnahme oraler Kontrazeptiva bei ansonsten gesunden Patientinnen wurde aber toleriert. Alle Parameter stützen sich auf die Angaben der Probanden, zusätzliche laborchemische Untersuchungen wurden nicht durchgeführt. Probanden mit früheren Erkrankungen, die möglicherweise zu Veränderungen im Nervensystem geführt haben könnten, wurden nicht aufgenommen wie z. B. jemand mit einem Jahre zurückliegendem, ausgeheiltem Mammakarzinom. Toleriert wurden jedoch neurologisch eher irrelevante Operationen, wie z. B. eine Appendektomie oder eine Tonsillektomie. Gelegentliche Medikamenteneinnahme wie z. B. bei einer Migräneattacke wurde geduldet. Wesentlich schien es auch, nach früheren Verletzungen zu fahnden, die mit zu einer Irritation der untersuchten Nerven durch Druck oder Zug geführt haben könnten.

Obwohl selbst Rauchen bei ansonsten klinisch gesunden Probanden bereits zu einer deutlichen Dysfunktion des Nervus suralis führt, wurden rauchende Probanden nicht prinzipiell aus dieser Untersuchung ausgeklammert. Zur speziellen Problematik dieser Probanden wird im Kapitel 9 ausführlich Stellung genommen.

Gelegentlicher Alkoholkonsum ohne psychische, physische oder soziale Relevanz wurde toleriert.

Ein besonderes Problem stellte die Rekrutierung älterer Probanden dar, die diesen Kriterien genügten. Viele ältere Leute werden digitalisiert oder müssen über einen langen Zeitraum hinweg Medikamente einnehmen. Die Digitaliswirkung wird durch die Hemmung der Natrium-/ Kalium-ATPase erklärt, die durch eine Erhöhung der Kalziumkonzentration eine Veränderung der Refraktärzeit bewirkt (96, 287). Hiermit schieden zwangsläufig viele ältere Probanden aus, da die Elektrolytverschiebung prinzipiell auch periphere Nerven betreffen dürfte und eine Veränderung der Refraktärität auch dort nicht ausgeschlossen werden kann. Im allgemeinen werden in der Literatur zu diesem Punkt nur wenige Angaben gemacht (157). Der eigene Versuch, zur Standardisierung einer anderen Methode aus Seniorenwohnheimen ältere Probanden zur Teilnahme zu gewinnen, scheiterte nicht an der Bereitwilligkeit der Angesprochenen, sondern an deren Medikamenteneinnahme bei ansonsten relativ guter Gesundheit. Die Probanden wurden unter den ärztlichen Kollegen, dem Krankenpflegepersonal und den Studenten der Klinik gewonnen. Aber auch Patienten mit vermutlich irrelevanten Beschwerden wie z. B. einer Epikondylitis oder Fraktur des Arms wurden in diese Untersuchung aufgenommen. Es handelte sich um 110 Männer im Alter von 39 ± 16 Jahren und um 63 Frauen im Alter von 42 ± 16 Jahren. Abbildung 3 stellt die Altersverteilung im Überblick dar. Das Normwertkollektiv wurde in eine Anzahl von Klassen unterteilt, die der Wurzel aus der Probandenanzahl entsprach (243). Dieses Verfahren wurde auch bei allen anderen Darstellungen dieses Kapitels gewählt. Deutlich stellt sich das Problem dar, ältere Probanden, die den bereits erwähnten Kriterien genügten, zu finden.

Während es unproblematisch war, Probanden bis etwa zum 60. Lebensjahr zu finden, waren die drei weiteren Klassen nur mit insgesamt sechs Probanden besetzt (Abb. 3).

Im Gegensatz zum Alter schien die Größe der Probanden einer Normalverteilung zu entsprechen, was jedoch nicht statistisch zu untermauern war.

Der Mittelwert für die Größe aller Probanden lag bei 172 ± 9 cm, die Frauen waren im Mittel 168 ± 8 cm groß, die Männer 178 ± 8 cm.

Prinzipiell wurde bis auf wenige Ausnahmen der linke Nervus suralis vermessen, weil sich das linke Bein in Bauchlage an der Liegenvorderkante befand und unproblematischer zu untersuchen war. Außer bei einer Probandin war in allen Fällen mit Oberflächenelektroden ein Nervenaktionspotential ableitbar.

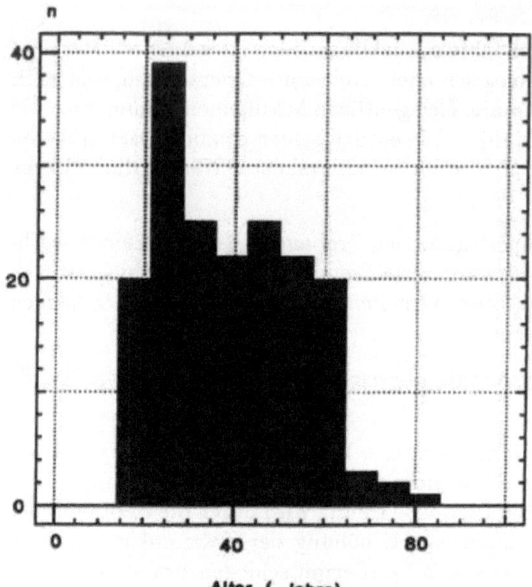

Abb. 3. Häufigkeitsverteilung (n) für den biologischen Faktor Alter. Ableitung von Normwerten des Nervus suralis mit Oberflächenelektroden

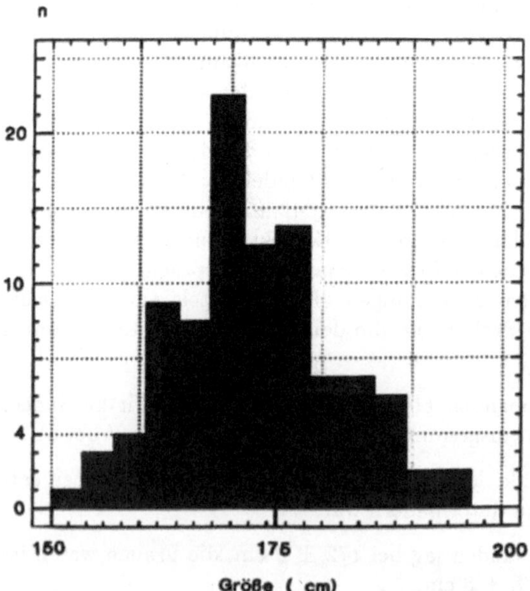

Abb. 4. Häufigkeitsverteilung (n) für den biologischen Faktor Körpergröße, Normwerte des Nervus suralis mit Oberflächenelektroden

In dem einen Fall mag es sich um eine Lageanomalie oder aber um eine Variante der sensiblen Versorgung am Unterschenkel gehandelt haben. Auch mit Nadelelektroden war bei dieser Probandin trotz intensiven Sondierens kein Potential ableitbar. Zumindest was den Nervus suralis betrifft, stellt es somit eine sehr große Ausnahme dar, daß mit Oberflächenelektroden bei Gesunden kein Nervenaktionspotential ableitbar ist.

6.1.1.2 Normwerte für die Latenzzeitverlängerung nach Doppelreiz des Nervus suralis

Die Doppelreize wurden immer in einem festen Intervall von 3 msec appliziert. Zu diesem Zeitpunkt ist die absolute Refraktärperiode beendet, und der Nerv befindet sich in der relativen Refraktärperiode. Bestimmt wurde die relative Latenzzeitverlängerung des ersten positiven Peaks des zweiten Nervenaktionspotentials, welches durch den zweiten Reiz nach 3 msec ausgelöst wurde (s. Abb. 5).

Die Berechnung erfolgte nach der Formel

$$\frac{\text{Latenz 2 - Latenz 1}}{\text{Latenz 1}} x 100.$$

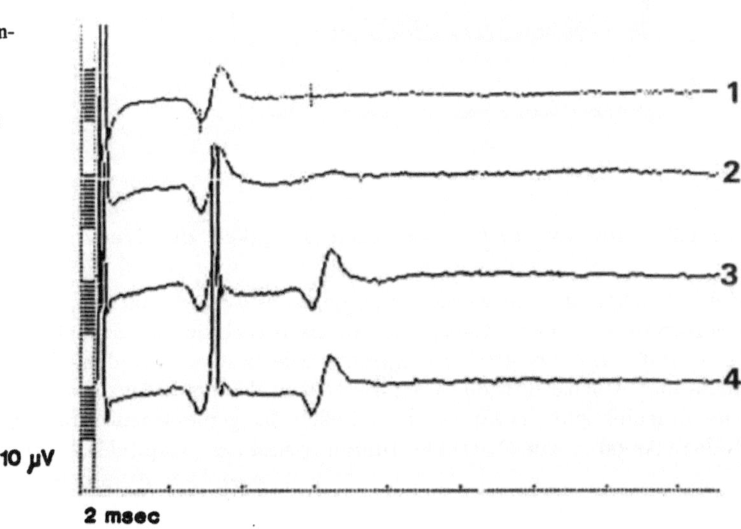

Abb. 5. Beispiel einer einfachen (Linie 1, 2) und doppelten Stimulation (Linie 3, 4) des Nervus suralis bei Ableitung mit Oberflächenelektroden

Das Ergebnis ergibt die Zeitspanne, gemessen in Prozent, welche der stimulierte Nerv während der relativen Refraktärperiode zusätzlich benötigt, um den zweiten Stimulus mit einem Nervenaktionspotential zu beantworten. Hierfür wurde der Ausdruck Latenzzeitverlängerung nach Doppelreiz gewählt. Der Mittelwert liegt bei 4,0 ± 2,1 Prozent. Abbildung 6 stellt die Häufigkeitsverteilung der Latenzzeitverlängerung nach Doppelreiz für alle 173 Probanden dar. Es findet sich eine Spanne von 0,7 - 8,2 %. Statistische Analysen ergaben keine Normalverteilung der Latenzzeitverlängerung nach Doppelreiz.

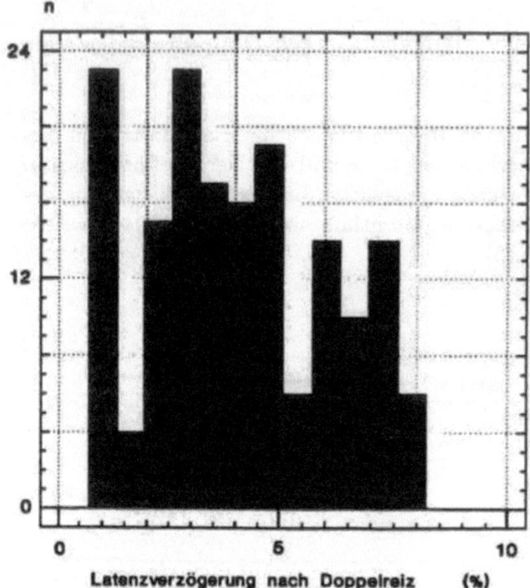

Abb. 6. Häufigkeitsverteilung (n) für die Werte der Latenzzeitverlängerung nach Doppelreiz des Nervus suralis bei Ableitung mit Oberflächenelektroden

6.1.1.3 Normwerte für Leitgeschwindigkeit des Nervus suralis

Zur Latenzbestimmung wurde vom Beginn des Reizartefakts bis zum ersten positiven Peak des Nervenaktionspotentials gemessen. Hierdurch sind die schnellsten, depolarisierten Fasern erfaßt. Die Leitgeschwindigkeit wurde bestimmt, indem die Entfernung zwischen Reiz- und Ableitelektrode durch die Latenz des ersten positiven Peaks dividiert wurde. Das Ergebnis gibt die Leitgeschwindigkeit des gemessenen Suralissegments in m/sec an. Nähere Angaben zur Distanzbestimmung sind dem Kapitel 5.4.3 zu entnehmen.

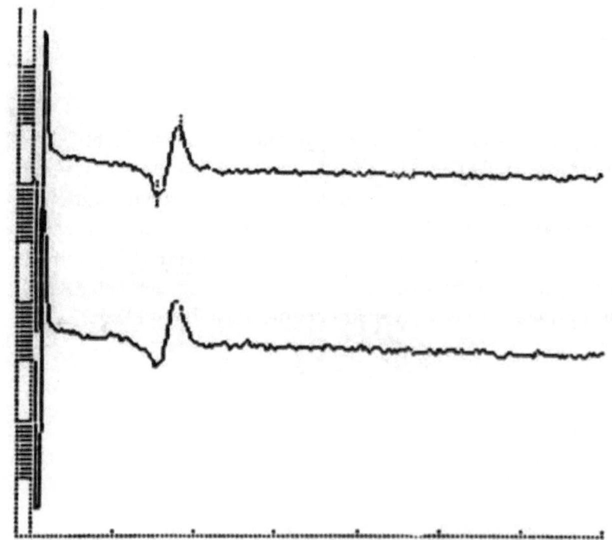

Abb. 7. Nervenaktionspotential des Nervus suralis bei Ableitung mit Oberflächenelektroden. Latenzbestimmung des ersten positiven Peaks zur Bestimmung der Nervenleitgeschwindigkeit

Eine Aufsplitterung des Potentials in mehrere Komponenten wird mit Oberflächenelektroden meistens nicht erfaßt. Der Mittelwert für die Leitgeschwindigkeit betrug 51,7 ± 4,2 m/sec, die Spanne 42,8 - 64,2 m/sec. Die statistischen Analysen mit den bereits dargestellten Methoden ergaben, daß keine Normalverteilung der Werte vorlag. Abbildung 8 stellt die Werte der Leitgeschwindigkeit des Nervus suralis graphisch in 14 Klassen dar.

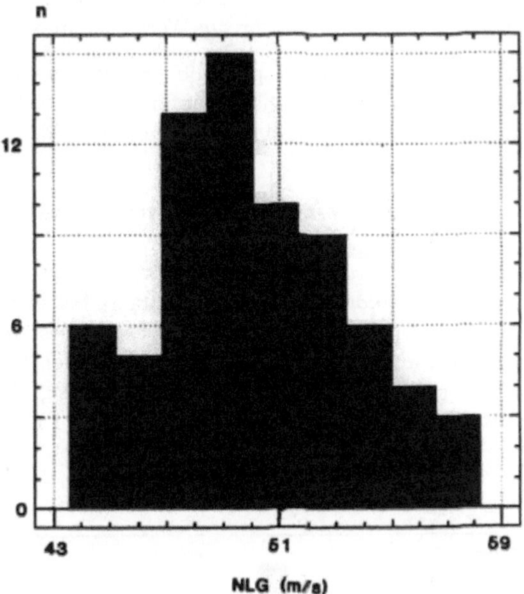

Abb. 8. Häufigkeitsverteilung (n) für die Leitgeschwindigkeit des Nervus suralis bei Ableitung mit Oberflächenelektroden

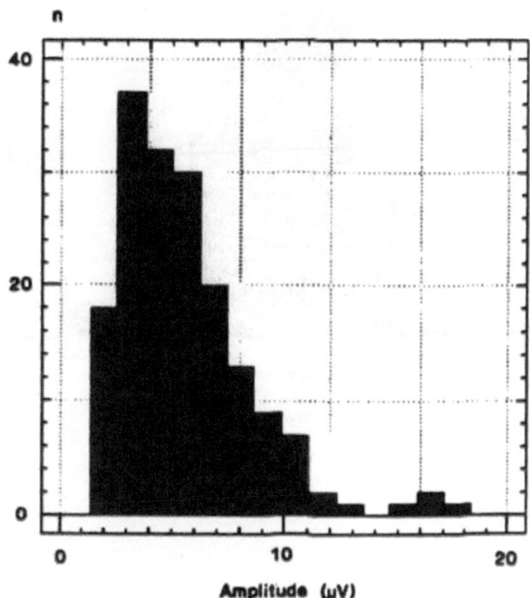

Abb. 9. Häufigkeitsverteilung (n) für die Amplitudenhöhe des Nervenaktionspotentials des Nervus suralis bei Ableitung mit Oberflächenelektroden

6.1.1.4 Normwerte für die Amplitude des Aktionspotentials

Die Amplitude als Maß für die Anzahl leitender Axone wurde bestimmt, indem die größte
Auslenkung zwischen den positiven und den negativen Peaks gemessen wurde. Da bei
der Verwendung von Oberflächenelektroden meistens nur ein positiver und ein negativer
Peak abgebildet wird, entspricht der positive Peak meistens dem ersten positiven Peak
des Nervenaktionspotentials überhaupt. Der Mittelwert lag bei 5,5 ± 2,9 μV. Eine Normalverteilung ergab sich für die Werte der maximalen Amplitude nicht.

Abbildung 9 stellt als Graphik die Amplitudenhöhe für die 173 Probanden - in 14 Klassen
eingeteilt - dar. Eine gewisse Häufung ergibt sich für die Klassen von 2,7 bis 5,4 μV. Die
Spanne für die Amplitudenhöhe aller Probanden beträgt 1,4 - 18,3 μV.

6.1.1.5 Normwerte für die Potentialbreite

Bei allen 173 Probanden wurde die Breite des Nervenaktionspotentials bestimmt. Gemessen wurde vom ersten positiven Peak bis zum Wiedereinlenken des Potentials auf die
Grundlinie. Abbildung 11 stellt ein Beispiel des Meßverfahrens dar. Eine Normalverteilung
ergab sich auch für diesen Parameter mit den bereits genannten statistischen Verfahren
nicht. Der Mittelwert betrug 1,5 ± 0,2 msec, die Spanne 0,9 - 2,4 msec. Abbildung 10
stellt die Verteilung der Potentialbreite in 14 Klassen dar.

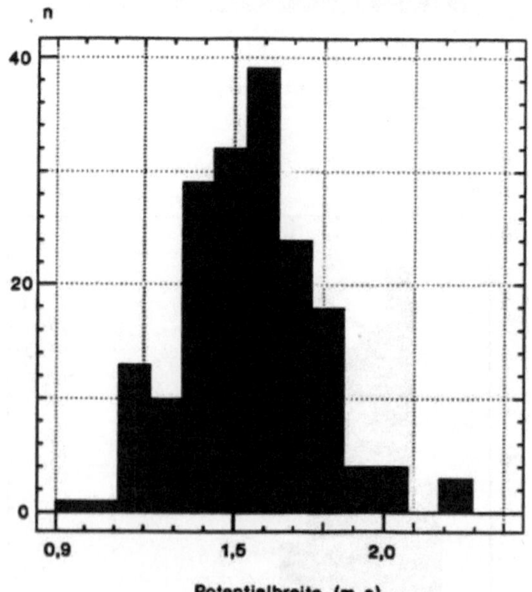

Abb. 10. Häufigkeitsverteilung (n) für die
Potentialbreite. Aktionspotential des Nervus
suralis bei Ableitung mit Oberflächenelektroden

Abb. 11. Bestimmung der Potentialbreite

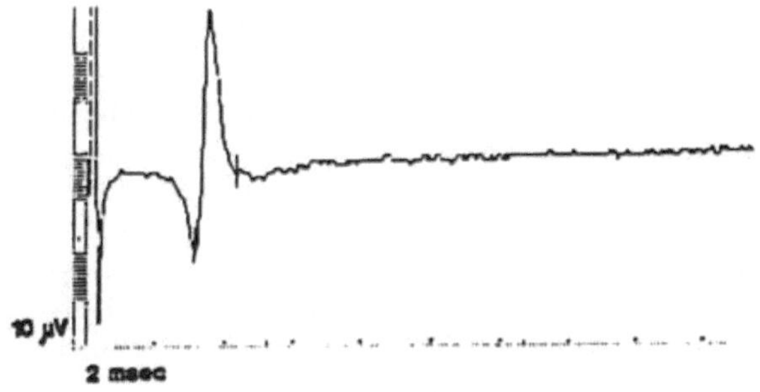

6.1.1.6 Normwerte für die Amplitude des Nervenaktionspotentials nach Doppelreiz

Neben der Latenzzeitverlängerung tritt nach Doppelreiz eine Amplitudenverringerung des Nervenaktionspotentials auf. Die neurophysiologischen Grundlagen dieser Amplitudenveränderung können dem Kapitel 3.2 entnommen werden.

Die Amplitude nach Doppelreiz wurde prozentual bestimmt, indem die Amplitude des zweiten Aktionspotentials durch den Wert für die Amplitude des ersten dividiert wurde. Das Ergebnis, gemessen in Prozent, stellt einen Parameter für die Anteile des Nerven dar, die während der relativen Refraktärperiode den zweiten Stimulus mit einem Nervenaktionspotential beantworten können.

Der Mittelwert betrug 85 ± 17 %, die Spanne für diesen Parameter 26 - 141 %. Abbildung 12 stellt die Häufigkeitsverteilung für diesen Parameter dar.

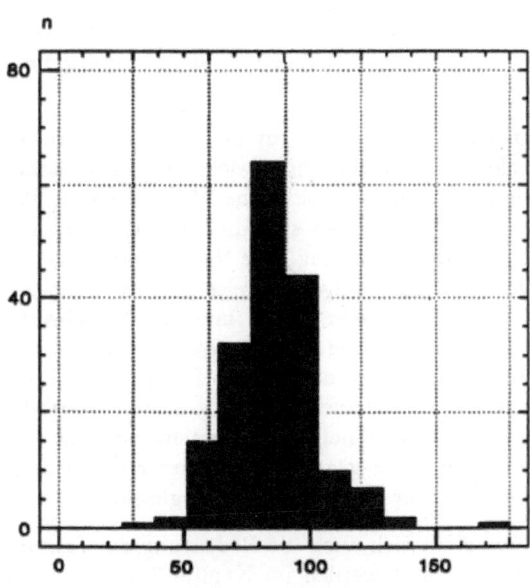

Abb. 12. Häufigkeitsverteilung (n) für die Amplitude nach Doppelreiz des Nervus suralis bei Verwendung von Oberflächenelektroden

6.1.1.7 Ergebnisse des Probandenkollektivs mit dem Gerät Tönnies DA II R

Auf diesem Gerät wurden zu Beginn 50 Probanden im Alter von 31 ± 10 Jahren zur Normwerterstellung untersucht. Die Altersspanne betrug 17 - 54 Jahre. Es handelte sich um 19 Frauen und 31 Männer. Die Auswahlkriterien für dieses Kollektiv entsprechen denen des Kapitels 6.1.1.1. Ausgewertet wurden die Potentiale nach den bereits beschriebenen Verfahren. Die Latenzzeitverlängerung nach Doppelreiz betrug 3,7 ± 1,4 % mit einer Spanne von 0,8 - 7,2 %. Es ergab sich eine Leitgeschwindigkeit von 53,9 ± 4,3 m/sec mit einer Spanne von 43,7 - 65,2 m/sec. Die anderen Parameter wurden zum Teil nicht erhoben oder nicht analysiert.

6.1.1.8 Besprechung der Ergebnisse

Tabelle 6 stellt die als Normwerte definierten Ergebnisse der neurophysiologischen Untersuchungen des Nervus suralis bei 173 Probanden und Ableitung mit Oberflächenelektroden dar. Bei strenger, statistischer Analyse unter Verwendung der bereits geschilderten, statistischen Untersuchungen zeigte kein Parameter eine Normalverteilung, so daß die Spanne der gefundenen Werte als Normbereich definiert wird. Dieses Verfahren zur Normwerterstellung steht im Einklang mit der neurophysiologischen Literatur und umfaßt einen wesentlich größeren Bereich als das meistens benutzte Streuungsmaß, der Mittelwert ± zweier Standardabweichungen, die 95,45 % des Probandenkollektivs umfassen (44, 170, 171). Letztlich wird auch der Bereich des Mittelwertes und dreier Standardabweichungen von 0,27 % der Probanden überschritten. Um jedoch einen leichteren Vergleich mit Literaturwerten zu ermöglichen, wurde auch zusätzlich der Mittelwert ± der einfachen Standardabweichung angegeben. Zum Teil wird auch empfohlen, erst Werte außerhalb des Mittelwertes und dreier Standardabweichungen als pathologisch zu definieren (53). Die Bedeutung einer individuellen Wertung der klinisch-neurophysiologischen Untersuchung im Rahmen der Klinik wird in seiner absoluten Notwendigkeit durch den Vergleich dieser Ergebnisse mit den Werten aus der Literatur deutlich (s. Tab. 2 - 4). Eine Standardisierung und Erstellung eigener Normwerte für jedes neurophysiologische Verfahren und Gerät ist evident.

Dies gilt um so mehr für die Latenzzeitverlängerung nach Doppelreiz, die subklinische Faktoren erfaßt und noch mehr technisch-methodischen Einflüssen unterliegt als konventionelle, neurophysiologische Meßmethoden. Verglichen mit den Angaben der Tabellen 2, 3 und 4 bewegen sich die Ergebnisse dieser Normwertermittlung in einer vergleichbaren Größenordnung. Zur Normalverteilung der Meßergebnisse aus diesen Tabellen finden sich nur wenige Hinweise. Gerade kleinere Probandenkollektive dürften eher nicht normalverteilt sein. Wenn man die Mittelwerte der Tabellen 2, 3 und 4 bei ähnlicher Temperaturangabe mit den Werten dieser Untersuchung vergleicht, so scheint die Tendenz zu bestehen, daß größere Probandenkollektive eher eine niedrige Leitgeschwindigkeit aufweisen als kleinere. Da bei größerer Probandenzahl auch mehr Randgruppen mit langsamerer und schnellerer Leitgeschwindigkeit erfaßt werden, könnte durch diese Tatsache eine Erklärung gegeben sein. Dieser Effekt zeigt sich auch, wenn man diese Ergebnisse mit denen des Kapitels 6.1.8 vergleicht.

Klar stellt sich auch die Bedeutung des Faktors Temperatur heraus. Zu diesem wesentlichen Punkt werden im Kapitel 7.2.2 ausführliche Untersuchungen dargestellt, ebenso zum Einfluß biologischer Faktoren wie Alter, Größe, Geschlecht und technischer Faktoren. Der Einfluß der Tages- und Jahreszeit dürfte nicht sonderlich relevant sein, da die Standardisierung sich über einen langen Zeitraum hinzog (70, 94).

Auch technische Faktoren, wie z.B. die Wahl der Grenzfrequenz, bestimmen das "Normwertergebnis" mit. Während sich für die Normwerte der Tabellen 2 - 4 zum Teil keine Angaben über diese Parameter finden (71, 29, 31, 250), sind anderseits Grenzfrequenzen von 2 Hz bis 10 kHz (121) oder von 100 Hz bis 8 kHz (123) verwendet worden. Die Bedeutung dieser technischen Parameter wurde bereits im Kapitel 4.1.2 und 4.2.2 besprochen.

Die Problematik der Amplitudenbestimmung zeigt sich auch in den Ergebnissen der Tabelle 3. Der Mittelwert minus dreifacher Standardabweichungen ergibt häufig einen Wert im negativen Bereich, der dann noch als "normal" zu gelten hätte.

In der Praxis würde dies bedeuten, daß kein Potential "normal" wäre. Diese rein statistische Interpretation widerspricht auch den praktischen Erfahrungen in der klinischen Neurophysiologie. Die Zahl von 5 % der Probanden, bei denen kein Potential bei der Benutzung von Oberflächenelektroden und antidromer Technik abgeleitet werden konnte (296), kann für die orthodrome Methode nicht bestätigt werden. Zur Beurteilung der Amplitude bei der Ableitung mit Oberflächenelektroden - im Gegensatz zu Nadelelektroden - ist zu berücksichtigen, daß der Widerstand zwischen Nerv und ableitender Elektrode bei Benutzung von Oberflächenelektroden wesentlich größer ist, da mehr Gewebe als isolierender Faktor vorhanden ist. Daher ist die Amplitude mit Nadelelektroden bei sorgfältiger Positionierung der Nadel am Nerv immer höher als bei Ableitung mit Oberflächenelektroden. Insgesamt erweist sich aber die Amplitude auch bei der Ableitung mit Nadelelektroden als ein problematischer Parameter (123, 209). Die Hauptphasen des Nervenaktionspotentials repräsentieren letztlich nur ca. 40 % der bemarkten Fasern und insgesamt nur ca. 10 % der Faserpopulation eines sensiblen Nerven (14).

Parameter	x ± S1	Spanne
Latenzzeitverlängerung nach Doppelreiz (%)	4,0 ± 2,1	0,7 - 8,2
Leitgeschwindigkeit (m/sec)	51,7 ± 4,2	42,8 - 63,3
Amplitude (μV)	5,5 ± 2,9	1,4 - 18,3
Potentialbreite (msec)	1,5 ± 0,2	0,9 - 2,4
Amplitude nach Doppelreiz (%)	85 ± 17	26 - 142

Tabelle 6: Ergebnisse der Standardisierung neurophysiologischer Parameter des Nervus suralis mit Oberflächenelektroden. Als Normwert wird die Spanne angesehen, so daß ein Wert außerhalb der Spanne als pathologisch zu werten ist (n=173)

Die Distanz von 15 cm zwischen Reiz- und Ableitelektroden scheint insgesamt günstiger zu sein, wobei die Ursache wahrscheinlich in den anatomischen Gegebenheiten zu suchen ist (176, 209, 250, 251), da sich dieser Punkt mit großer Wahrscheinlichkeit außerhalb der Verbindung zum Nervus cutaneus surae lateralis befindet.

Für die Latenzzeitverlängerung nach Doppelreiz finden sich in der Literatur nur wenige
Quellen, die auch Oberflächenelektroden erwähnen. Eine zusätzliche Einschränkung der
Vergleichbarkeit besteht darin, daß zum Teil andere Intervalle benutzt werden, so daß
keine Vergleichbarkeit mehr gegeben ist, da sich die Repolarisierung des Nervs während
der Refraktärperiode zu jedem Zeitpunkt in einem unterschiedlichen Stadium befindet.

Eine gewisse Vergleichbarkeit ergibt sich zu den Untersuchungen von Ewert und Mitarbeitern (71), bei denen ein Wert von 3,77 ± 0,77 % für die Latenzzeitverlängerung nach
Doppelreiz angegeben wird. Diese Resultate ergaben sich allerdings an einem wesentlich
kleineren Kollektiv. Wenn bereits für die Leitgeschwindigkeitsbestimmung unterschiedliche Werte, meistens technisch-methodisch bedingt, vorhanden sind, so gilt dies um so
mehr für die sehr viel sensiblere Latenzzeitverlängerung nach Doppelreiz. Die Notwendigkeit einer individuellen Standardisierung stellt sich für diesen Parameter in besonderem
Maße dar. Eine Übernahme von Literaturwerten ist für diese Methode nicht möglich,
da bereits kleinste Abweichungen von der Technik und Methode zu anderen Resultaten
führen wie z. B. eine Veränderung der Distanz oder aber der Temperatur (123, 161, 168,
171, 303, 304). Speziell wird auf diese Problematik in den Kapiteln 7.1 - 7.3 eingegangen.

Wenn man die Abbildungen 6 und 8 miteinander vergleicht, so ergeben sich deutlich
unterschiedliche Häufigkeitsverteilungen für die Latenzzeitverlängerung nach Doppelreiz
und die Leitgeschwindigkeit des Nervus suralis. Während die Leitgeschwindigkeit in etwa
einer Normalverteilung zu ähneln scheint, sind die Werte für die Latenzzeitverlängerung
nach Doppelreiz deutlich anders verteilt. Da es sich jedoch um dasselbe Probandenkollektiv handelt, liegt die Schlußfolgerung nahe, daß bei konstanter Ableittechnik noch andere
Faktoren mit der Latenzzeitverlängerung nach Doppelreiz erfaßt werden als durch die
konventionelle Nervenleitgeschwindigkeitsmessung des Nervus suralis allein. Da bereits
Rauchen, wie es ausführlich im Kapitel 9.6.1 beschrieben wird, zu einer Veränderung der
Latenzzeitverlängerung nach Doppelreiz führt, scheinen gängige Klassifizierungsmaßnah-
men wie "neurologisch gesunde Probanden" für diese Methode nicht mehr ausreichend.
Explizit werden ja zum Teil gerade nicht gesunde Patienten älteren Jahrgangs zur Normwertgestaltung herangezogen. Die Prämisse "keine Erkrankung, die das Nervensystem tan-
giert" ist für die Normwerterstellung der Latenzzeitverlängerung nach Doppelreiz nicht
ausreichend. Die Latenzzeitverlängerung nach Doppelreiz steht jedoch nicht isoliert im
Raum, sondern sie ist mit einer Verminderung der konventionellen Leitgeschwindigkeit
verbunden, die jedoch in ihrem Umfang von 2 - 3 m/sec zu gering ist, um dem Arzt sofort
aufzufallen. In den Kapiteln 8 und 9 wird diese Problematik ausführlich dargestellt.

Es ist noch offen, in welchem Ausmaß z. B. auch eine intermittierend notwendige Medikamenteneinnahme eine Veränderung der Latenzzeitverlängerung nach Doppelreiz zur Folge
hat, die nicht reversibel ist.

Diese Beurteilung gilt im Prinzip auch für die neurophysiologischen Ergebnisse der Ableitung mit Nadelelektroden, die noch extra besprochen werden sollen.

6.1.2 Verwendung von Nadelelektroden

6.1.2.1 Beschreibung des Probandenkollektivs

Die Aufnahmekriterien in dieses Normwertkollektiv entsprechen denen des Kapitels
6.1.1.1. Die Probandengruppe stellt eine Teilmenge des Probandenkollektivs dar, was in
dem Kapitel 6.1.1.1 bereits beschrieben wurde.

Generell wurde zunächst die Ableitung mit Oberflächenelektroden vorgenommen, so daß eine Hämatombildung, die als zusätzlicher elektrischer Isolator zu betrachten ist, ausgeschlossen wurde.

Die Compliance der Probanden war bei dieser schmerzhaften Technik im Vergleich zur Ableitung mit Oberflächenelektroden deutlich schlechter.

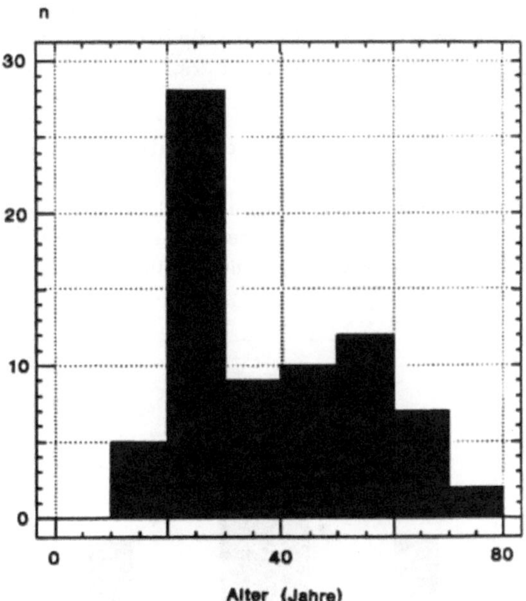

Abb. 13. Häufigkeitsverteilung (n) für den Faktor Alter. Untersuchung des Nervus suralis mit Nadelelektroden

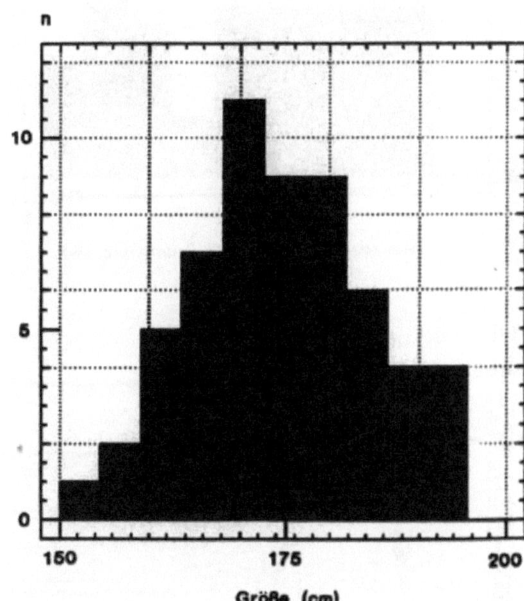

Abb. 14. Häufigkeitsverteilung (n) für den Faktor Körpergröße. Untersuchung des Nervus suralis mit Nadelelektroden

Abgeleitet wurde zur Normwerterstellung bei 75 Probanden im Alter von 39 ± 16 Jah-

ren. Es handelte sich um 43 Männer im Alter von 38 ± 15 Jahren und 32 Frauen im
Alter von 39 ± 17 Jahren. Die Altersspanne des Gesamtkollektivs betrug 15 - 80 Jahre,
die der Männer 17 - 74 Jahre und die der Frauen 15 - 80 Jahre. Abbildung 13 stellt
die Gesamtaltersstruktur dar. Auch dieses Kollektiv zeigt für das Alter keine Normalverteilung, die jüngeren Probanden sind deutlich überrepräsentiert. Abbildung 14 stellt die
Größenstruktur des Kollektivs dar, hier zeigte sich bei Anwendung des Spearmanschen
Rang-Korrelationskoeffizienten eine signifikante Korrelation zwischen Alter und Größe der
Patienten ($p < 0{,}01$). Es wird die bekannte Tatsache bestätigt, daß jüngere Patienten im
allgemeinen größer sind als ältere.

6.1.2.2 Normwerte für die Latenzzeitverlängerung nach Doppelreiz

Die Latenzzeitverlängerung nach Doppelreiz wurde nach dem gleichen Verfahren berechnet, wie es bereits im Kapitel 6.1.1.2 ausgeführt wurde. Es ergab sich ein Mittelwert von
3,7 ± 1,9 % mit einer Spanne von 0,6 - 7,7 %.

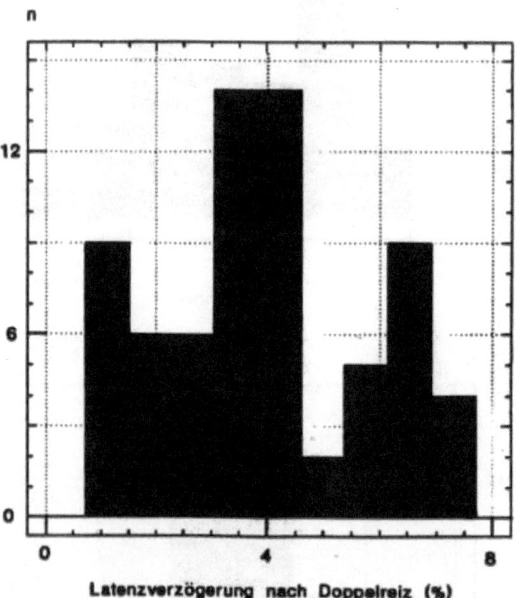

Abb. 15. Häufigkeitsverteilung (n) der Werte für die Latenzzeitverlängerung nach Doppelreiz. Untersuchung des Nervus suralis mit Nadelelektroden

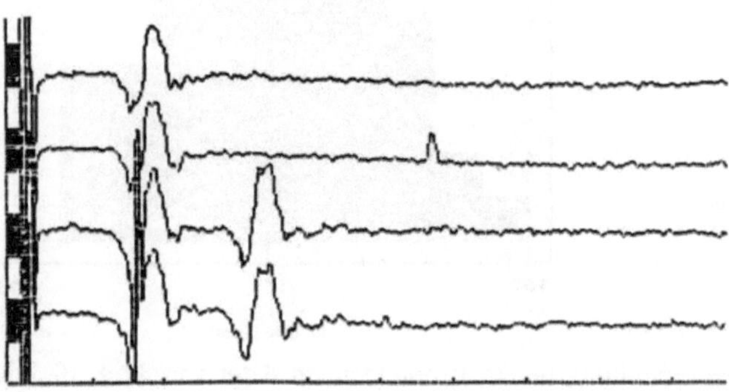

Abb. 16. Beispiel einer doppelten (Linie 3, 4) und einer einfachen Stimulation des Nervus suralis (Linie 1, 2) mit Nadelelektroden (Zeit: 2 ms/DIV; Empfindlichkeit: 10 μV/DIV.

Die statistischen Analysen mit Hilfe der gleichen Testverfahren wie im Kapitel 6.1.1.2 ergaben keine Normalverteilung der Resultate. Eine gewisse Häufung ergibt sich für die Werte um zwei, vier und sechs Prozent. Abbildung 15 stellt die Häufigkeitsverteilung der Latenzzeitverlängerung nach Doppelreiz bei Ableitung mit Nadelelektroden graphisch dar, Abbildung 16 ein Beispiel für die Latenzzeitverlängerung nach Doppelreiz bei Ableitung mit Nadelelektroden.

6.1.2.3 Normwerte für die Leitgeschwindigkeit

Die Leitgeschwindigkeit für den Nervus suralis wurde nach dem gleichen Verfahren berechnet, wie es bereits im Kapitel 6.1.1.2 besprochen wurde. Im Gegensatz zu den Oberflächenelektroden ist der erste positive Peak häufig spitzer und schärfer konfiguriert (s. Abb. 16). Gelegentlich kann der erste positive Peak auch eine mehr W-förmige Gestalt annehmen. Falls bereits in der ersten nach positiv gerichteten Flanke kleinere Komponenten auftraten, wurden diese nicht zur Latenzbestimmung herangezogen, sondern der am weitesten nach positiv gerichtete Anteil. Abbildung 16 zeigt ein Beispiel eines Nervenaktionspotentials bei Ableitung mit Nadelelektroden.

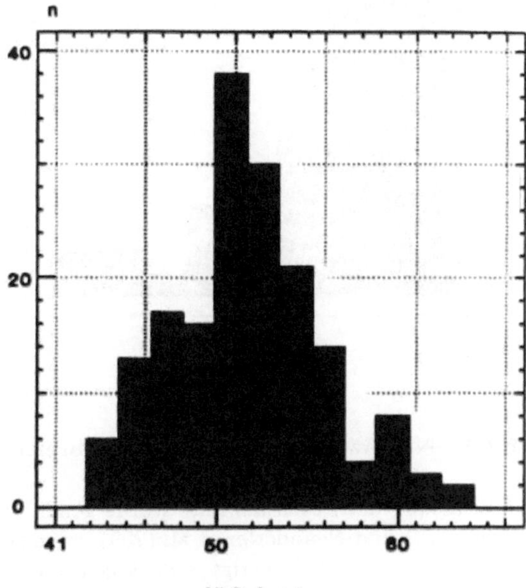

Abb. 17. Häufigkeitsverteilung (n) für die Leitgeschwindigkeit des Nervus suralis. Ableitung mit Nadelelektroden

Der Mittelwert für die Leitgeschwindigkeit des Nervus suralis bei Ableitung mit Nadelelektroden liegt bei 50,2 m/sec mit einer einfachen Standardabweichung von ± 3,4 m/sec. Die Spanne beträgt 43,6 - 58,2 m/sec.

Statistisch ergibt sich unter Verwendung der bereits dargestellten Testverfahren keine Normalverteilung, die Werte zwischen 48 und 51 m/sec sind am häufigsten vertreten.

Abbildung 17 stellt die Häufigkeitsverteilung der einzelnen Werte für die Leitgeschwindigkeit des Nervus suralis bei Ableitung mit Nadelelektroden graphisch dar.

6.1.2.4 Normwerte für die Amplitudenhöhe

Die Bestimmung der maximalen Amplitudenhöhe erfolgte nach dem gleichen Verfahren wie es im Kapitel 6.1.1.4 beschrieben wurde.

Die Messung erfolgte zwischen dem größten negativen und positiven Peak. Der Mittelwert lag bei 13,4 ± 8,4 μV mit einer Spanne von 3,0 - 39,6 μV. Abbildung 18 stellt die Ergebnisse graphisch dar.

Eine Normalverteilung ergab sich für diesen Parameter nicht, wobei die bereits geschilderten statistischen Testverfahren angewendet wurden. Die niedrigen Werte sind deutlich vermehrt repräsentiert, während Werte über 20 μV seltener vertreten sind.

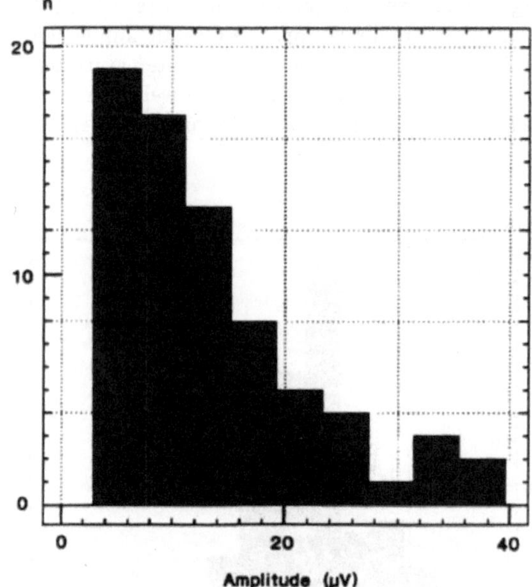

Abb. 18. Häufigkeitsverteilung (n) für die Amplitudenhöhe des Nervus suralis bei Ableitung mit Nadelelektroden

6.1.2.5 Normwerte für die Potentialbreite

Zur Erfassung der Potentialbreite wurde gemäß dem Verfahren von Mamoli und Mitarbeitern (176) und Neundörfer et al. (209) vorgegangen und die Zeit zwischen dem ersten und dem letzten berücksichtigten Peak gemessen.

Es ergab sich ein Mittelwert von 1,47 msec mit einer einfachen Standardabweichung von ± 0,43 msec. Die Spanne beträgt 0,77 - 3,21 msec. Falls sich ein Potential in mehrere Komponenten gliedert, führt diese Potentialkonfiguration natürlich zu einer Vergrößerung der Potentialbreite.

Mit den bereits geschilderten, statistischen Verfahren ergab sich für die Potentialbreite keine Normalverteilung, so daß die Spanne als Normbereich gewählt wurde.

Abbildung 19 stellt die Häufigkeitsverteilung der einzelnen Werte für die Potentialbreite dar. Es zeigt sich eine gewisse Häufung für die Werte zwischen einer und zwei Millisekunden.

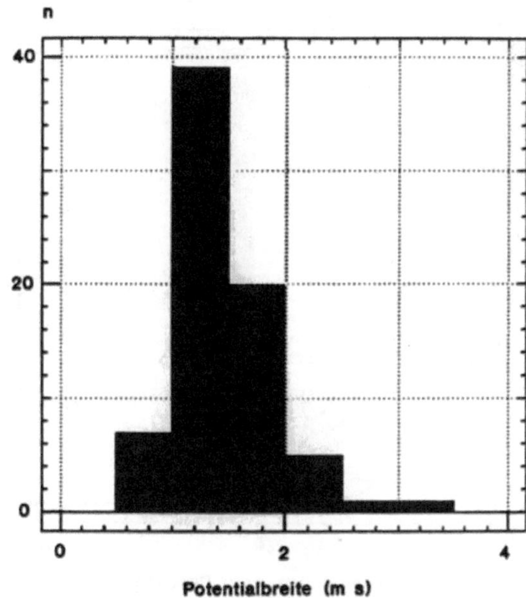

Abb. 19. Häufigkeitsverteilung (n) für die Potentialbreite des Nervus suralis bei Ableitung mit Nadelelektroden

6.1.2.6 Normwerte für die Komponentenanzahl

Zur Erfassung der Komponentenanzahl der Nervenaktionspotentiale wurde nach den Vorschlägen Ludins verfahren, und es wurden nur solche Komponenten gezählt, die mindestens 10 % der Hauptamplitude erreichten (170, 171, 173). Dieses Vorgehen wird in der Literatur am häufigsten zitiert (171, 176). Als Komponente wird ein Potentialanteil zwischen zwei Potentialumkehrungen bezeichnet, wobei die Grundlinie nicht unbedingt geschnitten werden muß (171, 176). Es zeigte sich, daß bei 14 Probanden mehr als eine Komponente auftrat. In neun Fällen waren zwei Komponenten vorhanden, in fünf Fällen drei Komponenten. Die zweite Komponente war zwischen 6,2 und 0,7 μV groß, die dritte zwischen 5,2 und 0,8 μV. Gelegentlich kann es geschehen, daß das Nervenaktionspotential nach Doppelreiz mehr Komponenten aufweist als das Nervenaktionspotential nach dem ersten Stimulus. Diese Nervenaktionspotentialanteile überschritten aber nicht die Grenze von 10 %.

6.1.2.7 Normwerte für die Amplitude nach Doppelreiz

Das Auswertungsverfahren für diesen Parameter gleicht dem Verfahren, das bereits im Kapitel 6.1.1.6 angewandt wurde.

Es ergibt sich ein Wert von 80,0 ± 13,5 % mit einer Spanne von 43 - 111 %. Die Werte weisen keine Normalverteilung auf, so daß die Spanne als Normbereich angesehen wird.

Abbildung 20 stellt die Häufigkeitsverteilung der gefundenen Werte dar.

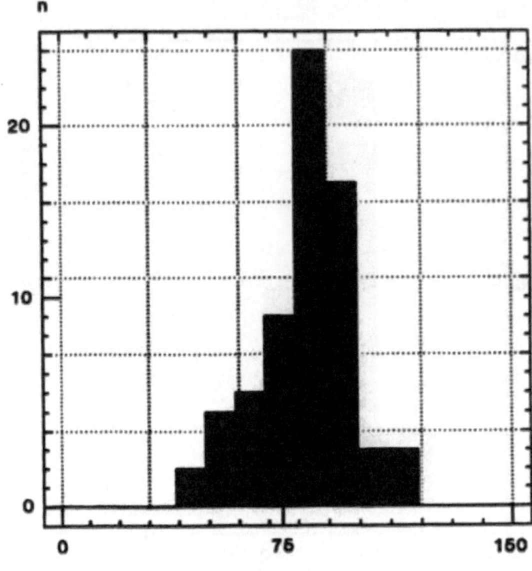

Abb. 20. Häufigkeitsverteilung (n) für die Amplitude des Nervenaktionspotentials nach Suralisdoppelreiz

6.1.2.8   Besprechung der Ergebnisse

Die Tabelle 7 faßt die Ergebnisse noch einmal im Überblick als Diskussionsgrundlage zusammen. Als Normwert wird die Spanne der einzelnen Parameter gewählt, so daß in der Praxis ein Wert, der unterhalb des untersten Wertes der Spanne liegt, als pathologisch angesehen wird. Extrem schnelle Leitgeschwindigkeiten haben keine praktische Bedeutung. Vergleicht man die Ergebnisse der Leitgeschwindigkeit des Nervus suralis dieser Untersuchung mit den Resultaten anderer Autoren (s. Tab. 2 - 4), so finden sich neben hohen Leitgeschwindigkeiten (26) auch niedrige Leitgeschwindigkeiten als Normalwert (50, 209, 296). Wenn man jedoch eine dreifache Standardabweichung und den Altersfaktor berücksichtigt, so können auch noch Werte unter 40 m/sec "normal" sein (s. Tab. 2 - 4).

Eine Ursache für diese Unterschiede stellen neben technischen Parametern auch methodische Unterschiede, wie z.B. die Temperatur dar, die eine wesentliche Einflußgröße bildet (170, 171, 173). Auf die Besonderheiten des technisch-methodischen Vorgehens als Einflußgröße auf die neurophysiologischen Meßergebnisse wird im Kapitel 7 noch ausführlich eingegangen.

Besonders problematisch erweist sich die Amplitudenbestimmung des Nervenaktionspotentials als Maß der leitfähigen Strukturen des Nerven. Die Häufigkeitsverteilung scheint einer Exponentialfunktion zu entsprechen (s. Abb. 18).

In der Literatur finden sich Angaben, daß auch Werte unter 3 μV für Probanden zwischen 50 und 60 Jahren bei Stimulation und Ableitung mit Nadelelektroden noch normal sein können (157). Das Gerät bot keine Möglichkeit, bei Stromstärken unter einem Milliampère ausreichende Werte von 1/10 mA zu unterscheiden, so daß offen bleibt, ob die Amplitudenhöhe primär mit einer Exponentialfunktion zu beschreiben ist. Als weitere Möglichkeit ist daran zu denken, daß die Verteilung der Amplitudenhöhe Ausdruck des Abstandes zwischen Nerv und ableitender Nadelelektrode ist. Da die Isopotentiallinien senkrecht zu den Stromlinien verlaufen, führen bereits kleine Variationen der Nadellage zu Veränderungen der gemessenen Potentialdifferenzen (5, 143). Aus elektrophysiologischer Sicht ergeben sich bei der EKG-Ableitung am Herzen ähnliche Verhältnisse wie bei der Ableitung des Nervus suralis. Entscheidend für die Höhe des Aktionspotentialamplitude ist hier das Verhältnis der Ableitrichtung zur Dipolrichtung (5). Neben der reinen Entfernung scheint daher die Lage der ableitenden Nadelspitze zum Nerven selbst noch eine zusätzliche Einflußgröße darzustellen.

Parameter	$\bar{x} \pm$ S1	Spanne
Latenzzeitverlängerung nach Doppelreiz (%)	3,7 ± 1,9	0,6 - 7,7
Leitgeschwindigkeit (m/sec)	50,2 ± 3,4	43,6 - 58,6
Amplitude (μV)	13,4 ± 8,5	3,0 - 39,6
Potentialbreite (msec)	1,47 ± 0,42	0,77 - 3,21
Amplitudenreduktion nach Doppelreiz (%)	82 ± 15	43 - 117
Komponentenanzahl: 1 - 3		

Tabelle 7: Ergebnisse der Standardisierung neurophysiologischer Parameter des Nervus suralis bei Ableitung mit Nadelelektroden. Als Normwert wird die Spanne angesehen, so daß ein Wert, der außerhalb der Spanne liegt, als pathologisch betrachtet wird.

Diese Ergebnisse unterstützen die Tendenz, den Stellenwert der Amplitude des Nervus suralis auch bei der Ableitung mit Nadelelektroden in der klinisch-neurophysiologischen Diagnostik zurückhaltend zu bewerten (23, 176). In die Potentialbreite geht auch die Anzahl der Komponenten direkt mit ein. Je größer diese Anzahl, desto breiter wird das Potential. In der Literatur ergeben sich Hinweise, daß bis zu fünf Komponenten an Gesunden zu beobachten sind (123). Die Komponentenanzahl ist auch ein Parameter für die Lage der ableitenden Elektrode zum Nerv (176). Ursächlich hierfür könnte sein, daß mit steigender Entfernung kleinere Komponenten durch den vermehrten Gewebewiderstand mit den üblichen Verstärkereinrichtungen nicht mehr als Potentialänderung registrierbar sind.

Prinzipiell gelten für die Latenzzeitverlängerung nach Doppelreiz auch die Ausführungen, die bereits im Kapitel 6.1.2.8 gemacht wurden. Die Spanne liegt etwas niedriger im Vergleich zu den Oberflächenelektroden, was neben den technischen Parametern mit durch das wesentlich kleinere Probandenkollektiv bedingt sein dürfte.

In vielen Publikationen, die die repetitive Stimulation mit Doppelreizen betreffen, wird der Nervus medianus oder ulnaris vermessen (87, 118, 120, 130, 166, 181, 278). Einige Autoren haben jedoch auch den Nervus suralis (157, 167, 169, 197, 252, 253, 280) untersucht. Die meisten Messungen wurden jedoch ausschließlich mit Nadelelektroden durchgeführt.

Daher ist ein Vergleich dieser Ergebnisse für die Latenzzeitverlängerung nach Doppelreiz mit den Angaben anderer Autoren sehr schwierig. Weitere Probleme bestehen darin, daß eine andere Methode (167, 289), ein anderes Rechnungsverfahren (157) oder aber eine andere Temperatur gewählt worden ist (166). Untersuchungsergebnisse in graphischer Gestaltung lassen häufig keine Vergleichsmöglichkeit mehr zu. Verglichen mit den Werten von Ewert und Mitarbeitern (71) - 3,37 ± 0,77 % - liegen die Standardabweichung und der Mittelwert dieser Untersuchung höher, was zum einem durch das größere Probandenkollektiv bedingt sein mag. Andere Ursachen können auch in unterschiedlichen technischen Parametern z. B. in der Entfernung zwischen Reiz- und Ableitelektrode, bestehen.

Für die Amplitudenreduktion nach Doppelreiz bei Ableitung mit Nadelelektroden gelten im Prinzip die gleichen Ausführungen wie für die Ableitung mit Oberflächenelektroden (s. Kap. 6.1.1.8). Direkt vergleichbare Literaturangaben für diesen Parameter fanden sich nicht.

Der Wert von 117 % für die Amplitude nach Doppelreiz, der in einem Widerspruch zu den neurophysiologischen Grundlagen zu stehen scheint, erklärt sich dadurch, daß die Stromapplikation durch die Oberflächenelektroden gelegentlich trotz aller Bemühungen nicht immer gleich zu gestalten ist, so daß manchmal nach Doppelreiz die zweite Amplitude höher als die erste ist. Ob eventuell auch Widerstandsänderungen der Haut während der Stimulation auftreten, die diese Differenzen erklären, muß gegenwärtig offen bleiben. Meistens wird sowohl mit Nadeln stimuliert als auch abgeleitet. Für das Doppelreizintervall von 3 msec finden sich Angaben über die Reduktion der Amplitude auf 99,5 ± 7,7 % für Probanden bis zu 35 Jahren und auf 92,2 ± 8,8 % für Probanden bis zu 60 Jahren. Vermessen wurden für die erste Gruppe elf Nerven an acht Probanden, in der zweite Gruppe acht Nerven an vier Probanden (289). Andere Literaturwerte sind aufgrund der graphischen Darstellung nicht umzurechnen (157).

Bei Stimulation mit Oberflächenelektroden wird jedoch häufig eine höhere Amplitude erzielt als bei der Stimulation mit Nadelelektroden (176, 209). Ob dieser Effekt auch eine Bedeutung für die Amplitude des Nervenaktionspotentials nach Doppelreiz hat, kann momentan nicht beantwortet werden.

Es konnte jedoch bei keinem Probanden beobachtet werden, daß bei der Applikation von Doppelreizen kein zweites Nervenaktionspotential auslösbar war. Das fehlende Nervenaktionspotential als Antwort auf den zweiten Stimulus muß somit eindeutig als ein pathologisches Geschehen interpretiert werden, und zwar sowohl für die Ableitung mit Oberflächenelektroden als auch mit Nadelelektroden.

Spezielle Bedeutung gewinnt diese Beobachtung bei Patienten mit polyneuropathischen Syndromen, worauf noch im Kapitel 8 eingegangen wird.

6.2 Normwerte des Nervus peronaeus

6.2.1 Beschreibung des Probandenkollektivs

Der Nervus peronaeus wurde bei 106 Probanden vermessen. Die Kriterien zur Aufnahme in dieses Probandenkollektiv gleichen denen, die bereits im Kapitel 6.1.1.1 und 6.1.2.1 dargestellt wurden. Dieses Probandenkollektiv stellt auch eine Teilmenge der Kollektive aus den Kapiteln 6.1.1 und 6.1.2 dar. Leider ist es häufig nicht möglich, alle Parameter des Nervus suralis mit beiden Verfahren und zusätzlich alle Parameter des Nervus peronaeus an demselben Probanden zu vermessen, da die Belastbarkeit durch diese umfangreichen Untersuchungen häufig überschritten wird.

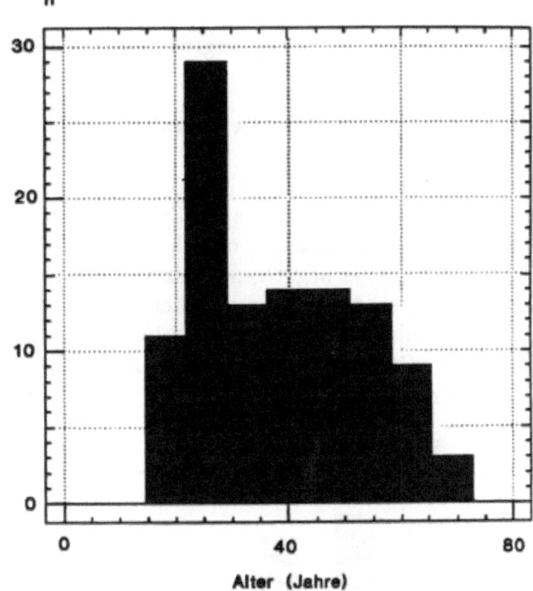

Abb. 21. Altersverteilung (n) der Probanden zur Standardisierung der Parameter des Nervus peronaeus

Es handelte sich um 37 Männer und 69 Frauen im Alter von 38 ± 14 Jahren, die Altersspanne betrug 16 - 69 Jahre. Die Probanden waren im Mittel 174,8 ± 8,8 cm groß. Die Spanne betrug 152 - 193 cm. Der Faktor Größe wurde allerdings nur an 79 Probanden erhoben. Abbildung 21 stellt die Altersverteilung graphisch in elf Klassen dar. Die jüngeren Probanden sind aus den bereits früher hinreichend diskutierten Gründen auch in diesem Kollektiv zahlenmäßig deutlich überrepräsentiert, wobei dabei wiederum die 22jährigen am häufigsten vertreten waren. Probanden über 80 Jahre konnten nicht rekrutiert werden.

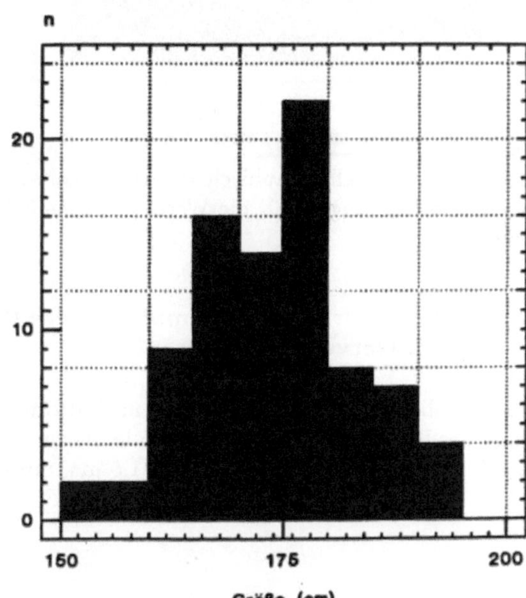

Abb. 22. Größenverteilung (n) der Probanden zur Standardisierung der Parameter des Nervus peronaeus

Abbildung 22 stellt die Körpergröße für 79 Probanden in neun Klassen graphisch dar.

6.2.2 Normwerte für die distale Latenz des Nervus peronaeus

Die technischen und methodischen Parameter der Ableittechnik sind dem Kapitel 4 und 5 zu entnehmen. Die Latenz wurde als der negative Abgang des Aktionspotentials von der Grundlinie gemessen. In manchen Fällen war trotz aller Bemühungen keine eindeutige Differenzierung des negativen Potentialabgangs von der Grundlinie oder dem Reizartefakt zu erreichen, so daß in diesen Fällen auf eine Auswertung verzichtet werden mußte. Der Mittelwert für die distalen Latenz betrug 3,8 ± 0,55 msec, die Spanne betrug 2,7 - 4,9 msec. Die Werte wiesen unter Anwendung der bereits dargestellten statistischen Tests keine Normalverteilung auf.

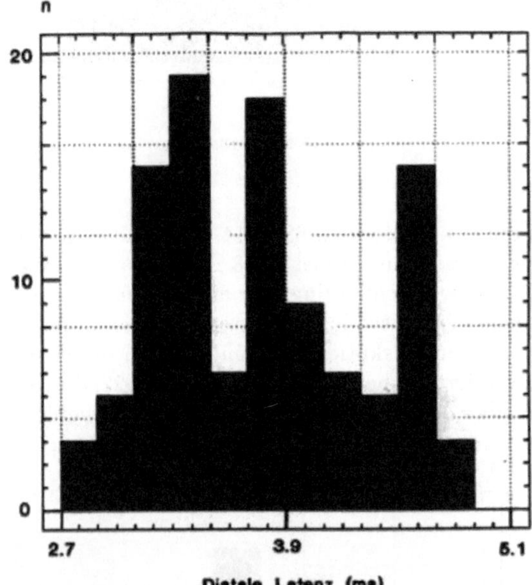

Abb. 23. Häufigkeitsverteilung (n) für die distale Latenz des Nervus peronaeus bei Probanden

Abbildung 23 stellt graphisch die Häufigkeitsverteilung der distalen Latenz dar. Eine besondere Häufung ist für die Werte zwischen 3,2 und 3,4 msec und für 4,6 - 4,8 msec zu erkennen.

6.2.3 Normwerte für die Amplitude des Potentials nach distaler Stimulation des Nervus peronaeus

Die Amplitudenhöhe des Potentials nach distaler Stimulation wurde vom negativen Abgang des Potentials von der Grundlinie bis zum maximalen negativen Peak gemessen. Es ergab sich ein Mittelwert von 4,2 ± 1,5 mV mit einer Spanne von 2,4 - 10,1 mV.

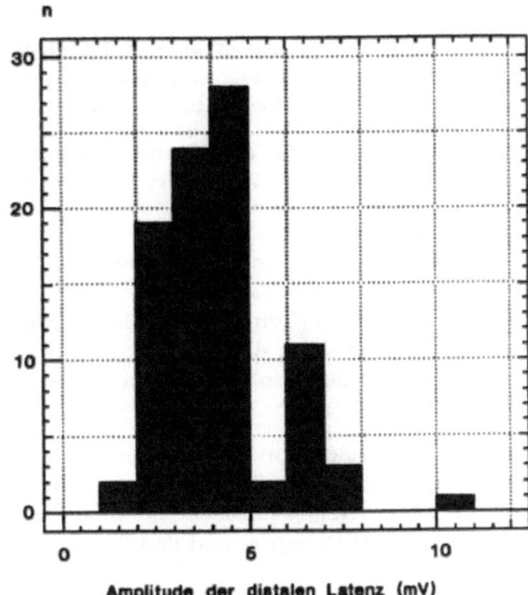

Eine Normalverteilung unter Verwendung der bereits genannten statistischen Verfahren lag für diesen Parameter nicht vor. Eine besondere Häufung ergab sich für die Klasse mit einer Amplitudenhöhe von 3 - 5 mV. Abbildung 24 stellt als Graphik die Häufigkeitsverteilung dieses Parameters in zehn Klassen dar.

6.2.4   Normwerte für die Leitgeschwindigkeit des Nervus peronaeus

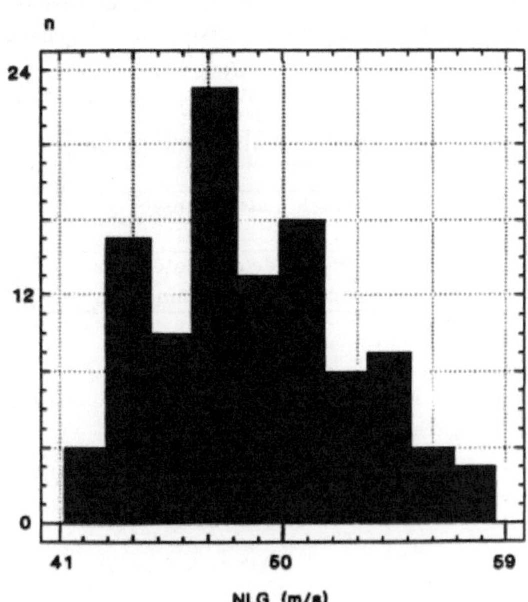

Abb. 25. Häufigkeitsverteilung (n) für die
Leitgeschwindigkeit des Nervus peronaeus
bei Probanden

Für die Leitgeschwindigkeit ergab sich ein Mittelwert von 48,8 ± 4,0 m/sec und eine Spanne von 41,2 - 58,6 m/sec. Eine Normalverteilung ergab sich mit den bereits geschilderten statistischen Methoden nicht.

Eine gewisse Häufung zeigt sich für die Meßergebnisse von 45 bis 49 m/sec. Die Abbildung 25 stellt die Häufigkeitsverteilung der Leitgeschwindigkeit in zehn Klassen dar.

6.2.5 Besprechung der Ergebnisse

Tabelle 8 stellt die als Normwerte definierten Ergebnisse der Messungen des Nervus peronaeus bei 106 Probanden dar. Bei adäquater statistischer Analyse zeigen alle Parameter keine Normalverteilung, so daß die Spanne der gefundenen Werte als Normbereich definiert wird.

Dieses Verfahren steht im Einklang mit der neurophysiologischen Literatur und umfaßt einen wesentlich größeren Bereich als der Mittelwert und zwei Standardabweichungen, die 95,45 % des Probandenkollektivs umfassen (44, 123, 170, 171). Letztlich wird auch der Bereich des Mittelwertes und drei Standardabweichungen von 0,27 % des Kollektivs überschritten.

Zum Teil wird daher auch empfohlen, erst Werte außerhalb des Mittelwertes und dreier Standardabweichungen als pathologisch zu definieren (53).

Verglichen mit den Literaturdaten zeigt sich, daß große Unterschiede in den Normalwerten des Nervus peronaeus bestehen (s. Tab. 5). Neben den unterschiedlichen technischen Verfahrensweisen kann z. B. der Temperatureffekt diese Unterschiede miterklären. Die Messungen und Normalwerte der Tabelle 5 wurden bei Temperaturen von 20 bis 37 °C durchgeführt. Allein dieser methodische Unterschied wird jedesmal zu einer anderen Leitgeschwindigkeit führen.

Auf die besondere Relevanz der Temperaturmessung und Aufheizmethode für Normalwerte wird im Kapitel 7.2.2 ausführlich eingegangen.

Parameter	$\bar{x}\pm$ S1	Spanne
Leitgeschwindigkeit (m/sec)	48,8 ± 4,0	41,2 - 58,6
Distale Latenz (msec)	3,8 ± 0,55	2,7 - 4,9
Amplitude des Potentials nach distaler Stimulation (mV)	4.2 ± 1,5	2,4 - 10,1

Tabelle 8: Ergebnisse der Standardisierung neurophysiologischer Parameter für den Nervus peronaeus. Als Normwert wird die Spanne angesehen, so daß ein Wert außerhalb der Spanne als pathologisch definiert wird

7 Einflüsse auf die Latenzzeitveränderung nach Doppelreiz und die Leitgeschwindigkeit

7.1 Biologische, probandenbedingte Faktoren

7.1.1 Alter

Zur Frage, ob für die Normwerte eine Altersabhängigkeit besteht, wurden die Meßergebnisse der Probanden (Kap. 6) in Korrelation zum Alter ausgewertet. Die biographischen Daten und Auswahlkriterien können diesem Kapitel entnommen werden.

Die Abbildungen 26 - 29 stellen die Abhängigkeit vom Alter für die Latenzzeitverlängerung nach Doppelreiz, die Leitgeschwindigkeitdes Nervus suralis, die Leitgeschwindigkeit des Nervus peronaeus und die distale Latenz des Nervus peronaeus dar. Der Spearmansche Rang- Korrelationskoeffizient ergibt für diese Werte keinen signifikanten Zusammenhang zwischen dem Alter der Probanden und der Abnahme neurophysiologischer Meßwerte im Alter. Die Einzelwerte der neurophysiologischen Meßergebnisse streuen eben nicht um die errechnete Regressionsgrade (s. Abb. 26 - 29), sondern stellen eine Punktwolke dar, so daß diese Graden nicht die tatsächlichen Verhältnisse wiedergeben. Auf eine graphische Darstellung der Korrelation des Alters mit den anderen Ergebnissen der Standardisierung wird verzichtet (s. Kap. 6), da sich für diese Parameter keine Korrelation zum Alter ergab.

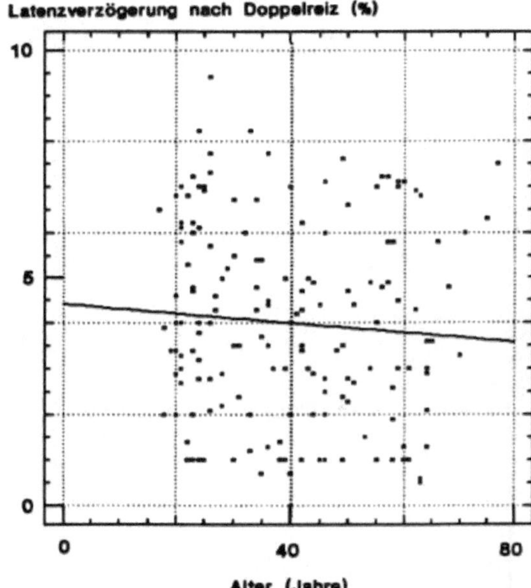

Abb. 26. Latenzzeitverlängerung nach Doppelreiz und Alter

Auch für die Amplitudenreduktion nach Suralisdoppelreiz, die Amplitude und die Dauer des Nervenaktionspotentials des Nervus suralis ergibt sich bei Verwendung von Oberflächenelektroden statistisch keine Korrelation zum Alter (Spearmanscher Rang-Korrelationskoeffizient).

Bei Ableitung des Aktionspotentials des Nervus suralis mit Nadelelektroden ergibt sich weder für die Latenzzeitverlängerung oder Amplitudenreduktion nach Doppelreiz noch für die Leitgeschwindigkeit oder Potentialdauer eine Korrelation zum Alter (Spearmanscher Rang-Korrelationskoeffizient). Lediglich zwischen den Faktoren Alter und Amplitude ergibt sich eine statistisch signifikante Korrelation (p < 0,01, Spearmanscher Rang-Korrelationskoeffizient) (s. Abb. 30).

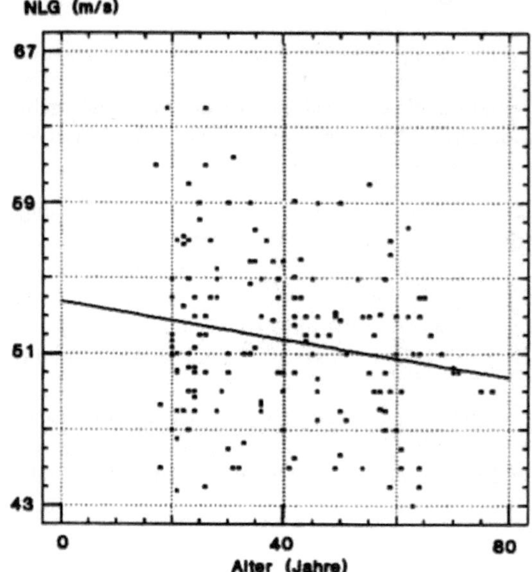

Abb. 27. Leitgeschwindigkeit des Nervus suralis und Alter

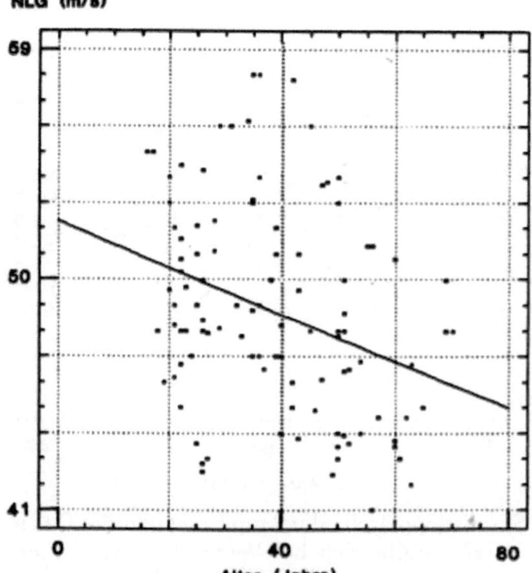

Abb. 28. Leitgeschwindigkeit des Nervus peronaeus und Alter

Die Auswertung der Leitgeschwindigkeit, der distalen Latenz und der Amplitude des Potentials nach distaler Stimulation des Nervus peronaeus ergab ebenfalls keine signifikante Korrelation zum Alter (Spearmanscher Rang-Korrelationskoeffizient).

Obwohl eine Altersabhängigkeit der Funktion des Nervus suralis allgemein akzeptiert wird, bestätigen diese Resultate in Übereinstimmung mit der Literatur (s. Tab. 7) eine solche Auffassung nicht ohne weiteres. Diese Ergebnisse unterstützen die früheren Publikationen von Lehmann und Mitarbeitern (157), die ebenfalls keine signifikante Korrelation zwischen der Latenzzeitverlängerung nach Doppelreiz und dem Alter finden konnten.

Die Inkonstanz der Korrelation zwischen dem Alter und der periphere Nervenfunktion kann ein Hinweis darauf sein, daß neben dem physiologischen Alterungsprozeß auch bei Probanden pathologische, subklinische Faktoren mit an Einfluß gewinnen können. Die Grundproblematik dieser Fragestellung besteht in der Abgrenzung des physiologischen Alterungsprozesses von der Kumulation subklinischer Faktoren, die mit zunehmenden Alter ebenfalls zu einer Funktionsveränderung peripherer Nervenstrukturen führen.

Als vermutliche Ursache der Leitgeschwindigkeitsabnahme peripherer und zentraler Nervenbahnen (275) bei älteren Probanden wird bislang eine Verkürzung der Internodalsegmente (151) und eine Abnahme der Faserdichte diskutiert, aber auch partielle Demyelinisierungen (96, 123, 151, 170, 171). Diese Befunde an sich stellen aber schon strukturelle Veränderungen dar.

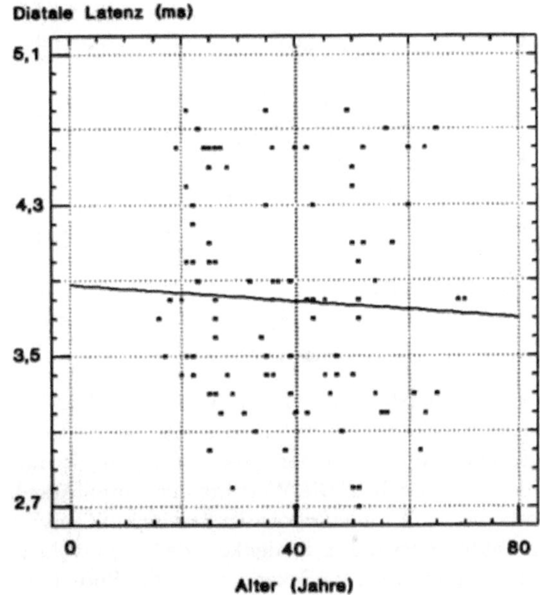

Abb. 29. Distale Latenz des Nervus peronaeus und Alter

Die Doppelreiztechnik zeigt jedoch bereits subklinische Störungen auf, die dem metabolisch-funktionellen Bereich zugeordnet werden müssen (s. Kap. 9.6.1) und die sich dem evidenten Nachweis durch eine konventionelle Leitgeschwindigkeitsmessung entziehen. Dies gilt insbesondere für Rauchen bzw. Genußgifte und auch nachweislich für verschiedene Medikamente (91, 124, 125). Die Abnahme der Leitgeschwindigkeit für die Raucher im Gegensatz zu den Nichtrauchern liegt nach anderen Autoren in der Größenordnung einer Dekade (12, 123, 136 281), obwohl die Probanden gleich alt waren (s. Kap. 9.6.1). Die Ergebnisse der Latenzzeitverlängerung nach Doppelreiz weisen aber statistisch hoch signifikante Unterschiede der Funktionsfähigkeit des Nervus suralis zwischen diesen beiden Kollektiven nach.

Letztlich bleibt es auch offen, inwieweit eine intermittierende Medikamentenapplikation während einer akuten Erkrankung zu einer irreversiblen Änderung der Refraktärität führt, selbst wenn die Applikation länger zurückliegt.

Sicherlich erfaßt die Doppelreiztechnik neben den Faktoren Medikamente und Genußgifte auch andere Faktoren, die noch zu keiner strukturellen Veränderung des Nervus suralis geführt haben. Zu denken wäre an vaskuläre Störungen bei beginnendem Hypertonus, Umgang mit chemischen Substanzen und subklinische Läsionen durch Druck. Vermutlich ist es daher kaum möglich, allein zwischen den Faktoren Alter und Latenzzeitverlängerung nach Doppelreiz eine statistisch signifikante Korrelation zu analysieren.

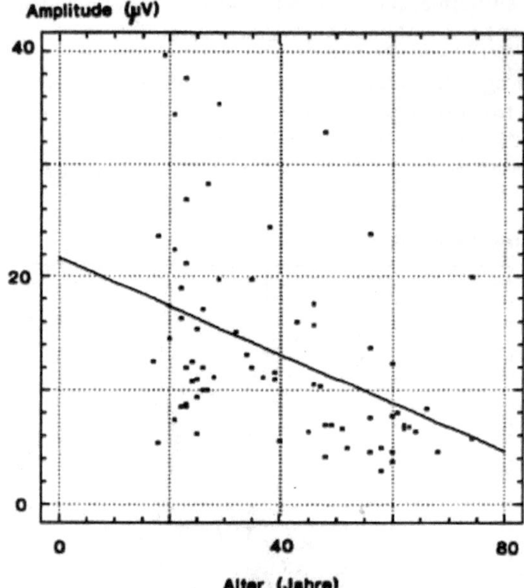

Abb. 30. Regressionsgrade für die Amplitude des Nervus suralis in Abhängigkeit vom Alter bei Verwendung von Nadelelektroden

Die statistischen Analysen ergaben für die Amplitudenhöhe des Nervus suralis bei Ableitungen mit Nadelelektroden eine signifikante Korrelation zwischen der Höhe der Amplitude und dem Alter. In der Literatur (s. Tab. 9) sind die Ergebnisse zu diesem Punkt ebenfalls unterschiedlich. Die Wertung der Amplitudenhöhe und die klinischen und technisch-methodischen Probleme wurden bereits im Kapitel 6.2.4 ausführlich diskutiert. Neben diesen Faktoren ist daran zu denken, daß der involutive Alterungsprozeß mit Gewebeumbau und verminderter Flüssigkeitszufuhr die Potentialpropagation vom Nerv zur ableitenden Elektrodenspitze mit beeinträchtigt (239).

Für zukünftige Publikationen, die sich mit der Frage der Altersabhängigkeit peripherer Nervenfunktionen auseinandersetzen, ist es daher nicht ausreichend, allein einen unauffälligen klinisch-neurologischen Status vorauszusetzen, sondern es sollte auch die aktuelle und frühere Medikation und die berufliche Tätigkeit des Probanden dargelegt werden. Hilfreich wäre eine allgemein anerkannte Definition eines "gesunden" älteren Probanden.

Autor	Parameter 1	2	3	4	5	6
Neundörfer (209)	OB	J	–	–	–	–
Mamoli (176)	NA	N	N	N	–	–
Behse (13)	NA	J	–	–	–	–
Cape (31)	OB	N	N	–	–	–
Ewert (71)	OB	N	J	N	N	–
Lehmann (157)	NA	N	J	J	N	–
Tackmann (278)	NA	N	–	–	–	–
Tackmann (281)	NA	J	J	–	–	–

Tabelle 9: Angaben zur Altersabhängigkeit der Parameter des Nervus suralis verschiedener Autoren. (Angegeben ist nur der Erstautor) (—: keine Angabe)

Legende: 1) Ableitungselektrode; OB: Oberfläche, NA: Nadel
2) Leitgeschwindigkeit
3) Amplitude
4) Potentialdauer
5) Latenzzeitverlängerung nach Doppelreiz
6) Amplitudenreduktion nach Doppelreiz
N: Altersabhängigkeit - statistisch nicht signifikant
J: Altersabhängigkeit - statistisch signifikant

7.1.2 Körpergröße

Zur Frage, ob eine Korrelation zwischen der Körpergröße und der Funktion peripherer Nerven besteht, wurden die Meßergebnisse der Probanden des Kapitels 6 ausgewertet. Die biographischen Daten und Auswahlkriterien können diesem Kapitel entnommen werden. Da die Körpergröße nicht bei allen Probanden von Anfang an erhoben wurde, konnten für den Nervus suralis bei Ableitung des Nervenaktionspotentials mit Oberflächenelektroden nur Daten von 104 Probanden ausgewertet werden, bei der Ableitung mit Nadelelektroden von 58 und bei den Werten des Nervus peronaeus von 73. Die Probanden wurden nicht erneut vermessen, sondern es wurden ihre Eigenangaben über die Körpergröße registriert.

Die Probanden, deren neurophysiologische Meßergebnisse des Nervus suralis mit Verwendung von Oberflächenelektroden auf eine Korrelation zur Körpergröße hin untersucht wurden, waren 172,6 ± 9,1 cm groß, die Spanne betrug 153 - 195 cm. Die Probanden waren 39,2 ± 14,9 Jahre alt mit einer Spanne von 17 - 80 Jahren. Es handelte sich um 53 Männer und 51 Frauen. Während die Männer 176,9 ± 8,6 cm groß waren, betrug die Größe der Frauen 168,2 ± 7,3 cm. Die Spanne betrug bei den Männern 158 - 195 cm und bei den Frauen 153 - 183 cm.

Die statistischen Analysen der neurophysiologischen Meßwerte bei der Ableitung des Nervus suralis mit Oberflächenelektroden zeigten keine signifikante Korrelation zwischen der Größe der Probanden einerseits und der Latenzzeitverlängerung nach Doppelreiz, der Leitgeschwindigkeit, der Amplitudenhöhe, der Potentialbreite und der Amplitudenreduktion nach Doppelreiz (Spearmanscher Rang-Korrelationskoeffizient) andererseits.

Allerdings zeigte sich eine signifikante Korrelation zwischen dem Alter der Probanden und der Körpergröße (p < 0,01, Spearmanscher Rang-Korrelationskoeffizient). Jüngere Probanden sind danach statistisch größer als ältere. Diese Phänomen ist als Akzeleration gut bekannt.

Die Probanden, bei denen die neurophysiologischen Parameter des Nervus suralis mit Nadelelektroden abgeleitet wurden, waren 174,6 ± 9,6 cm groß, die Spanne betrug 154 - 195 cm. Die Probanden waren 39,8 ± 16,5 Jahre alt mit einer Spanne von 17 - 74 Jahren. Es handelte sich um 43 Männer und 30 Frauen. Während die Männer 177,8 ± 8,5 cm groß waren, betrug die Größe der Frauen 170,1 ± 9,3 cm. Die Spanne betrug bei den Männern 158 - 195 cm und bei den Frauen 154 - 188 cm.

Die statistische Auswertung ergab für dieses Probandenkollektiv eine signifikante Korrelation zwischen der Größe der Probanden und der Leitgeschwindigkeit (p < 0,01, Spearmanscher Rang-Korrelationskoeffizient). Für die anderen Parameter wie Latenzzeitverlängerung nach Doppelreiz, Amplitude und Amplitudenreduktion nach Doppelreiz ergab sich mit denselben statistischen Verfahren keine Korrelation.

Überraschend ist die Tatsache, daß bei der Ableitung mit Nadelelektroden eine Korrelation Körpergröße/Leitgeschwindigkeit gefunden werden konnte, während für das größere Kollektiv bei Ableitung mit Oberflächenelektroden diese Korrelation nicht gefunden wurde. In der Literatur wird der Einfluß des Faktors Körpergröße auf die Leitgeschwindigkeit sensibler und motorischer Nerven unterschiedlich diskutiert (136, 170, 171).

Da die Probandenkollektive dieser Untersuchung weitgehend identisch sind, ist anzunehmen, daß es sich bei der Abhängigkeit der Leitgeschwindigkeit von der Körpergröße wahrscheinlich primär um einen technisch-methodischen Effekt handelt. Zu berücksichtigen ist hierbei, daß die Leitgeschwindigkeiten wesentlich mit durch die technisch-physikalischen Eigenschaften der ableitenden Elektrode bestimmt werden. Zu diesem Faktor wird ausführlich im Kapitel 7.2.1 Stellung genommen.

7.1.3 Geschlecht

Die Aussagen zu geschlechtsspezifischen Differenzen der Leitgeschwindigkeit menschlicher Nerven sind unterschiedlich. Während Frauen höhere Leitgeschwindigkeiten haben sollen als Männer (146), wird diese Beobachtung von anderen Autoren wiederum in Frage gestellt (90).

Das große Normwertkollektiv bot die Möglichkeit, unter Anwendung statistischer Methoden auch diese Fragestellung zu untersuchen. Analysiert wurden alle Meßergebnisse des Nervus suralis bei Ableitung mit Oberflächenelektroden und die Meßergebnisse der Untersuchung des Nervus peronaeus (s. Kap. 6.1 - 6.3).

Für den Nervus suralis wurden die Meßwerte der 173 Probanden statistisch untersucht. Die Latenzzeitverlängerung nach Doppelreiz ergab für Frauen einen Mittelwert von 4,1 ± 2,1 % mit einer Spanne von 0,5 - 8,1 %, für die Männer dagegen von 3,9 ± 2,1 % mit einer

Spanne von 0,7 - 8,2 %. Die Leitgeschwindigkeit des Nervus suralis betrug im Mittel für die Frauen 52,1 ± 3,9 m/sec mit einer Spanne von 43,2 - 64,1 m/sec, für die Männer dagegen fand sich ein Wert von 51,5 ± 3,7 m/sec mit einer Spanne von 44,0 - 61,4 m/sec. Die übrigen Meßwerte wiesen ebenso keine signifikanten geschlechtsspezifischen Unterschiede auf.

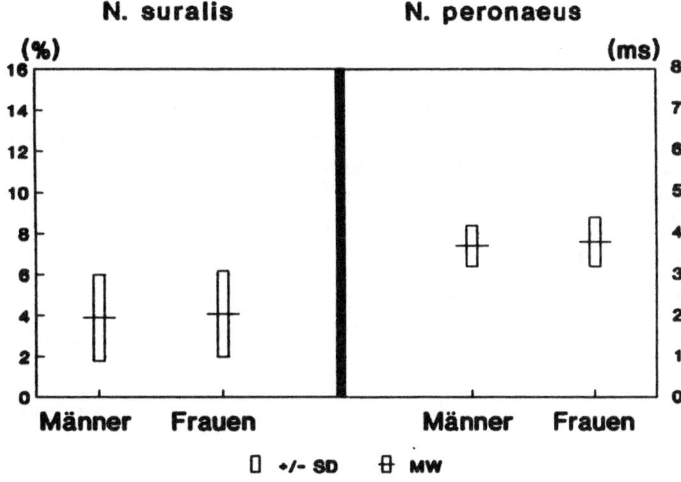

Abb. 31. Geschlechtsspezifische Darstellung der Latenzzeitverlängerung nach Doppelreiz des N. suralis und der distalen Latenz des Nervus peronaeus

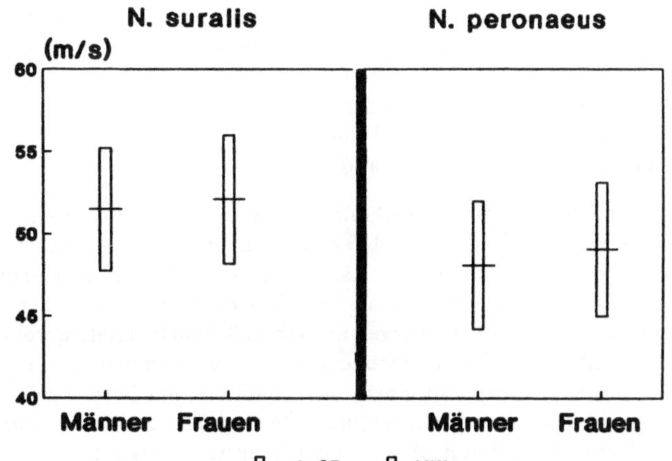

Abb. 32. Geschlechtsspezifische Darstellung der Leitgeschwindigkeit des Nervus peronaeus und suralis

Für den Nervus peronaeus wurden die Meßwerte von 70 Frauen und 36 Männern untersucht. Die Leitgeschwindigkeit für die Frauen betrug im Mittel 49,1 ± 4,0 m/sec mit einer Spanne von 42,4 - 58,0 m/sec, für die Männer ergab sich ein Wert von 48,1 ± 3,9 m/sec mit einer Spanne von 41,4 - 58,6 m/sec. Die Werte für die distale Latenz des Nervus peronaeus lagen für Frauen im Mittel bei 3,8 ± 0,6 msec mit einer Spanne von 2,7 - 4,8 msec, für die Männer ergab sich ein Wert von 3,7 ± 0,5 msec mit einer Spanne von 2,8 - 4,7 msec. Insgesamt ergibt sich kein signifikanter Unterschied für die Latenzzeitverlängerung nach Doppelreiz, die Leitgeschwindigkeit des Nervus suralis und peronaeus sowie für die distale Latenz des Nervus peronaeus zwischen Männern und Frauen. Tendenziell haben

Frauen eine etwas höhere Leitgeschwindigkeit als Männer, wobei dieser Vergleich jedoch auch durch die unterschiedliche Größe der beiden Kollektive eingeschränkt wird.

Im Gegensatz hierzu stehen die Ergebnisse von La Fratta und Mitarbeitern (146), die bei Frauen eine signifikant höhere Leitgeschwindigkeit als bei Männern fanden.

7.1.4 Tageszeit

Zirkadiane Veränderungen der peripheren Nervenfunktion werden gegensätzlich diskutiert. Erstmals wurde diese Frage wohl von Corbat aufgeworfen, der für den Nervus ulnaris erhebliche tageszeitliche Unterschiede registrierte (41). Da zirkadiane Schwankungen bei vielen biologischen Abläufen bekannt sind, stellt sich die Frage, in welchem Ausmaß die Leitgeschwindigkeit und die Latenzzeitverlängerung nach Doppelreiz tageszeitlichen Einflüssen unterliegen.

Die Technik und Methode der Potentialableitung vom Nervus suralis und peronaeus mit Oberflächenelektroden entspricht der Verfahrensweise, die bereits im Kapitel 5 ausführlich behandelt wurde.

Es wurden neunzehn Probanden im Alter von 22,2 $\pm$ 2,4 Jahren untersucht. Es handelte sich um sechzehn Männer und drei Frauen. Die Probanden rekrutierten sich aus Studenten der medizinischen Fakultät, die sich in den klinischen Semestern befanden. Die Teilnahme an dieser Studie war freiwillig. Zunächst erfolgte eine Anamneseerhebung, wobei alle Probanden mit manifesten Erkrankungen und regelmäßiger Medikamenteneinnahme ausgeschlossen wurden. Alte Frakturen im Bereich der unteren Extremitäten führten ebenso zu einem Ausschluß. Die letzte intermittierende Medikamenteneinnahme lag mindestens vier Wochen zurück. Regelmäßige Einnahme oraler Kontrazeptiva bei weiblichen Probanden wurde jedoch toleriert. Rauchen und Alkoholkonsum führte zum Ausschluß. Eine Vergütung erhielten die Probanden nicht.

Um keine Temperaturschwankungen der Hautoberfläche durch Bekleidungswechsel zu verursachen, wechselten die Probanden im Laufe des Tages nicht ihre Bekleidung. Da Nadelelektroden zur subkutanen Hämatombildung führen, was einen zusätzlichen Isolationsfaktor darstellt und folglich zur Verminderung der gemessenen Potentialdifferenz führen kann, erfolgten alle Ableitungen mit Oberflächenelektroden, wobei die Elektrodenart nicht gewechselt wurde. Die Elektrodenposition zur Stimulation und Ableitung wurde auf der Haut des Probanden mit einem Stift markiert, um jeweils genau das gleiche Segment zu vermessen. Vor dem Temperaturausgleich durch den Infrarotstrahler wurde ein Temperaturleerwert bestimmt. Als Untersuchungstermin wurde 8.00 Uhr, 12.00 Uhr, 16.00 Uhr und 20.00 Uhr gewählt. Die Oberflächentemperatur der Haut zeigte an den vier Untersuchungsterminen im Tagesverlauf keine signifikante Veränderung (s. Abb. 33).

Die Ergebnisse für die Latenzzeitverlängerung nach Doppelreiz und die Leitgeschwindigkeit des Nervus suralis sind den Abbildungen 34 und 35 zu entnehmen.

Auch die nicht dargestellten Werte für die Amplitude und Amplitudenreduktion nach Doppelreiz zeigten im Tagesverlauf keine signifikante Veränderung (s. Abb. 33). Die Ergebnisse für die Latenzzeitverlängerung nach Doppelreiz und die Leitgeschwindigkeit des Nervus suralis sind den Abbildungen 34 und 35 zu entnehmen. Zur statistischen Auswertung wurde der Wilcoxon-Test angewandt.

Was den Nervus peronaeus betrifft, ergaben sich für die Leitgeschwindigkeit, die distale
Latenz und die Amplitude nach distaler Stimulation im Tagesverlauf auch keine statistisch
signifikanten Veränderungen (Wilcoxon-Test).

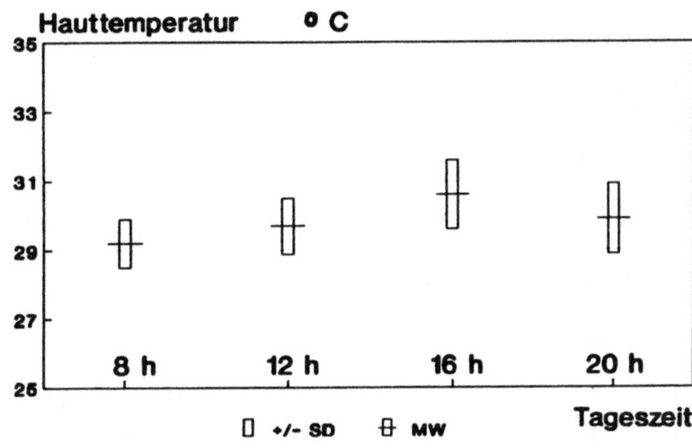

Abb. 33. Tagesverlauf der Hauttemperatur über dem Nervus suralis bei gesunden Probanden

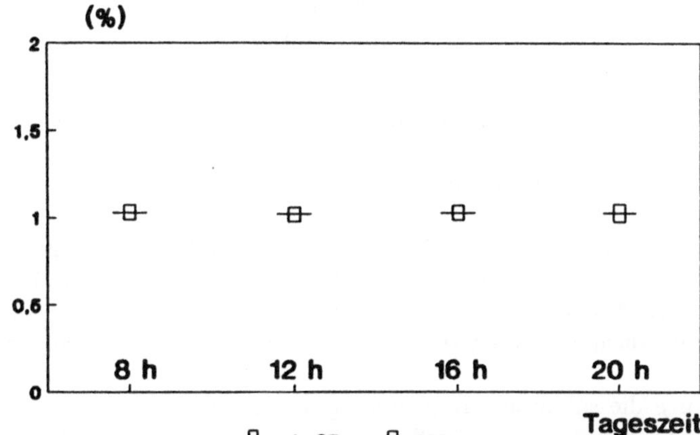

Abb. 34. Tageszeitlicher Verlauf der Latenzzeitverlängerung nach Doppelreiz

Als Ergebnis dieser Untersuchungen ist festzustellen, daß zumindest unter diesen Untersuchungsbedingungen keine signifikanten, zirkadianen Veränderungen der neurophysiologischen Parameter des Nervus suralis und peronaeus nachgewiesen werden konnten.

Insbesondere die Latenzzeitverlängerung nach Suralisdoppelreiz, in die die Veränderungen
der Refraktärität im tageszeitlichen Verlauf mit eingehen, ergibt keinen Hinweis, daß in
der Praxis dem Phänomen zirkadianer Veränderungen Relevanz für die klinische Neurophysiologie zukommt.

Während bislang wohl hauptsächlich Nerven der oberen Extremitäten wie der Nervus
ulnaris (41, 70, 115) und der Nervus medianus (94) unter der Fragestellung tageszeitlicher Veränderungen untersucht wurden, konnten zu dieser Fragestellung über den Nervus
suralis keine Publikationen gefunden werden.

Die Abhängigkeit der Latenzzeitverlängerung nach Doppelreiz und der Leitgeschwindigkeit des Nervus suralis von einem Tagesrhythmus ist jedoch eng verbunden mit der Frage,

in welchem Ausmaß eine neurophysiologische Untersuchung überhaupt reproduzierbar ist.
Zu differenzieren ist der Anteil biologischer Veränderungen, der z. B. auch durch einen
zirkadianen Rhythmus verursacht wird, von dem Anteil an Veränderungen, der durch die
Untersuchungstechnik selbst induziert wird. Dieser Teil der Problematik wird ausführlich
im Kapitel 7.4 abgehandelt.

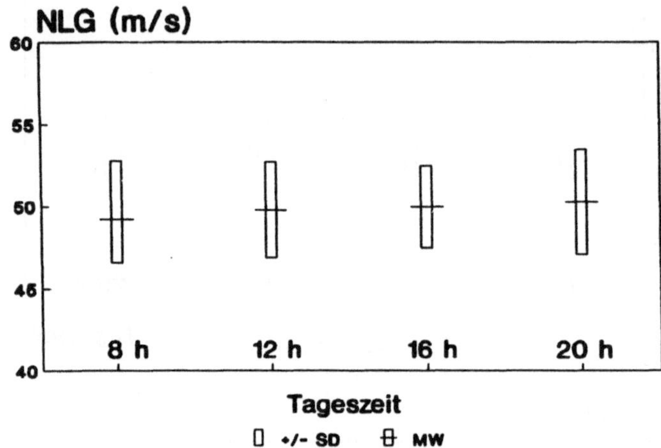

Abb. 35. Tageszeitlicher
Verlauf der Leitgeschwindigkeit des Nervus suralis

Da die Latenzzeitverlängerung nach Doppelreiz einen sehr empfindlichen, früh reagieren-
den Parameter darstellt, wäre es eigentlich zu erwarten, daß eine zirkadiane Tagesrhythmik
statistisch signifikant nachweisbar ist.

Als wesentliche Ursache der zirkadianen Rhythmen der Leitgeschwindigkeit im Laufe des
Tages wird die Veränderung der Extremitätentemperatur (70, 94) angesehen. Eine signi-
fikante Änderung der Hauttemperatur über dem Nervus suralis konnte hier jedoch zu den
Untersuchungszeitpunkten im Tagesverlauf nicht beobachtet werden.

Auch die subkutane Bestimmung der nervennahen Temperatur würde nicht wesentlich
weiter führen, da nur die Temperatur an einem Punkt und nicht die des gesamten Nervensegments bestimmt werden kann. Die Verletzung der Haut und des subkutanen Gewebes
durch eine Temperaturmeßsonde induziert auch eine Hyperämie mit Temperaturerhöhung
der verletzten Region.

Wesentlich scheint jedoch zu sein, die Länge des zu untersuchenden Nervensegments streng
konstant zu halten. Es ist anzunehmen, daß je nach muskelnaher oder muskelferner Lage
eines Nervensegments die Wärmekonduktion in den Nerven unterschiedlich ist, so daß
mit unterschiedlicher Temperatur auch unterschiedliche Leitgeschwindigkeiten kleinerer
Nervenabschnitte vorhanden sind. Diese Überlegungen sollen auch mit einen Teil der
lokalen Veränderungen der Leitgeschwindigkeit erklären (94).

Insgesamt aber kommt dem Komplex möglicher zirkadianer Rhythmen der Funktion des
Nervus suralis und peronaeus für die klinisch-neurophysiologische Funktionsdiagnostik
durch Applikation von Doppelreizen und Berechnung der Latenzzeitverlängerung keine
Bedeutung zu.

7.1.5 Traumen

Verletzungen der Extremitäten können auch mit Verletzungen von Nerven einhergehen, die entweder primär oder auch durch Druck, Zug oder lagerungsbedingt entstehen können. Gelegentlich liegen auch kleinere Traumen solange zurück, daß in der Anamneseerhebung dieses Faktum gar nicht mehr erwähnt wird.

Es war öfters zu beobachten, daß erst pathologische Meßwerte des Nervus suralis oder peronaeus für den Probanden oder Patienten der Anstoß waren, sich an das ursprüngliche Trauma zu erinnern.

Insbesondere bei Läsionen im Bereich der Knöchel durch Verletzungen in den Sprunggelenken oder dem Bandapparat tritt Druck oder Zug auf. Bestärkt wird die Vermutung einer diskreten traumatischen Läsion durch normale neurophysiologische Meßwerte der anderen kontralateralen Extremität bei ansonsten unauffälligen klinischen Befunden und leerer Anamnese.

Die Vorbereitung zur Untersuchung und Applikation der Elektroden sollte daher auch noch einmal Anlaß sein, sorgfältig nach Spuren früherer Verletzungen zu fahnden wie z. B. verblaßten Narben.

7.2 Technisch-methodisch bedingte Faktoren

Neben den unterschiedlichen biologischen Voraussetzungen, die die Probanden mit in die Normwerterstellung einbringen, wird das Meßergebnis auch durch technische und methodische Abläufe bestimmt. Während die technischen Einflußgrößen bereits im Kapitel 4 dargestellt wurden, soll hier insbesondere der Einfluß der Elektroden und der Aufheizmethode auf neurophysiologische Meßergebnisse näher untersucht werden.

7.2.1 Elektroden

Während in der Elektroenzephalographie gesinterte Silber-Silberchloridelektroden zunehmend Verbreitung erfahren und sehr häufig verwendet werden (144), hat sich für die Ableitung von Nervenaktionspotentialen, solange keine Nadelelektroden verwendet werden, kein einheitlicher Elektrodentyp durchgesetzt. Gebräuchlich sind Oberflächenelektroden aus rostfreiem Stahl, Silber, Zinn oder auch gesinterte Silber-Silberchloridelektroden (35, 49, 53, 123, 136, 171, 274, 287). Außer durch die Metallart unterscheiden sich die Elektroden durch Form, Größe und Oberflächenbeschaffenheit. Manche Elektroden sind glatt, während andere wiederum eine rauhe Oberfläche besitzen, die den Kontakt zur Hautoberfläche verbessern soll. Auch Kabellänge, Material und Anschlüsse sind unterschiedlich.

Untersuchungen desselben Patienten mit Oberflächenelektroden und danach mit Nadelelektroden zeigten häufig, daß die Leitgeschwindigkeit, mit Oberflächenelektroden gemessen, höher war als mit Nadelelektroden. Diese Beobachtung war der Anlaß, der Ursache dieses Phänomens weiter nachzugehen. Verglichen wurden vier handelsübliche Elektrodenpaare: drei Oberflächenelektrodenpaare und ein Paar Nadelelektroden, die alle neu vom Hersteller bezogen wurden.

Abbildung 36 zeigt eine Aufnahme dieser Elektroden. Die Oberflächenelektroden bestanden aus Stahl, gesintertem Silber-Silberchlorid und Zinn. Die Nadelelektroden bestanden aus Stahl, der außer der Spitze mit Teflon beschichtet war. Die Methode der Ableitung und Potentialauswertung entsprach den Richtlinien, die bereits in den Kapiteln 5 und 6 ausgeführt wurden.

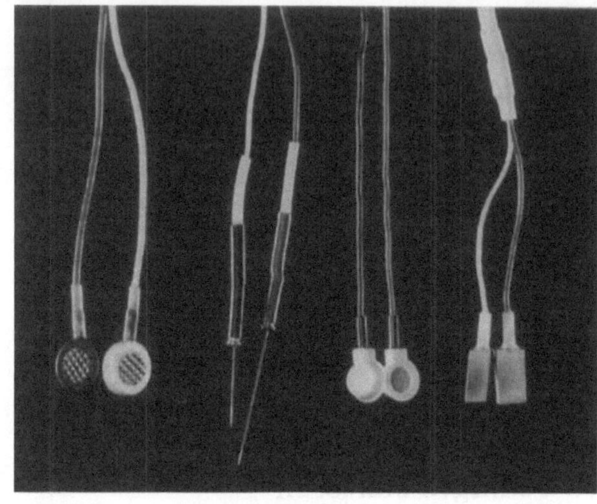

Abb. 36. Fotografische Darstellung der Elektroden

Das Probandenkollektiv bestand aus dreizehn Männern und sieben Frauen im Alter von $39{,}2 \pm 13{,}7$ Jahren. Erkrankungen lagen nicht vor, die Patienten nahmen keine Medikamente ein. Der klinische Status war unauffällig. Zunächst wurden alle Ableitungen mit Oberflächenelektroden durchgeführt, bevor als letztes die Nadelelektroden appliziert wurden. Alle vier Untersuchungsgänge wurden nacheinander durchgeführt, wobei die Reihenfolge strikt eingehalten wurde. Die Teilnahme war freiwillig, es wurde keine Entschädigung gezahlt. Die viermalige Untersuchung unter Einschluß der Doppelreiztechnik stellte große Anforderungen an die Toleranz der Probanden, deswegen wurde der Nervus peronaeus nicht zusätzlich untersucht.

Die Entfernung von 15 cm zwischen Reiz- und Ableitelektrode wurde eingehalten, indem Elektrodenmitte auf Elektrodenmitte gesetzt wurde, da die Durchmesser der Oberflächenelektroden geringfügig voneinander abweichen. Die Nadelelektrode wurde genau auf halber Länge der Oberflächenelektroden appliziert.

Die Abbildungen 37 und 38 stellen die Mittelwerte und einfache Standardabweichung der Latenzzeitverlängerung nach Doppelreiz und der Leitgeschwindigkeit des Nervus suralis für die verschiedenen Elektroden dar.

Die Spanne der Latenzzeitverlängerung nach Suralisdoppelreiz betrug bei Ableitung mit Nadelelektroden 1,0 - 7,1 %, bei Ableitung mit Oberflächenelektroden aus Silber-Silberchlorid 1,2 - 8,4 %, bei Ableitung mit Oberflächenelektroden aus Zinn 1,1 - 6,9 % und bei Ableitung mit Oberflächenelektroden aus Stahl 1,2 - 7,7 %. Die Spanne der Leitgeschwindigkeit betrug bei Ableitung mit Nadelelektroden 44,9 - 55,9 m/sec, bei Ableitung mit Oberflächenelektroden aus Silber-Silberchlorid 46,5 - 67,0 m/sec, mit Oberflächenelektroden aus Zinn 48,0 - 62,5 m/sec und mit Oberflächenelektroden aus Stahl 46,3 - 56,8 m/sec. Tabelle 10 stellt die Ergebnisse der übrigen Parameter gesondert dar.

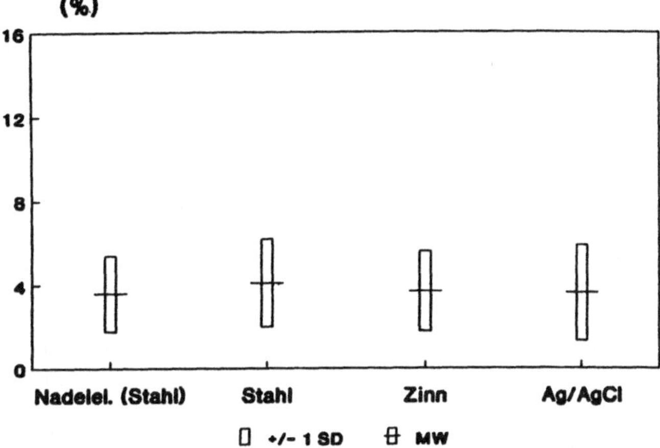

Abb. 37. Mittelwerte und einfache Standardabweichung für die Latenzzeitverlängerung nach Doppelreiz des Nervus suralis bei Verwendung verschiedener Elektroden

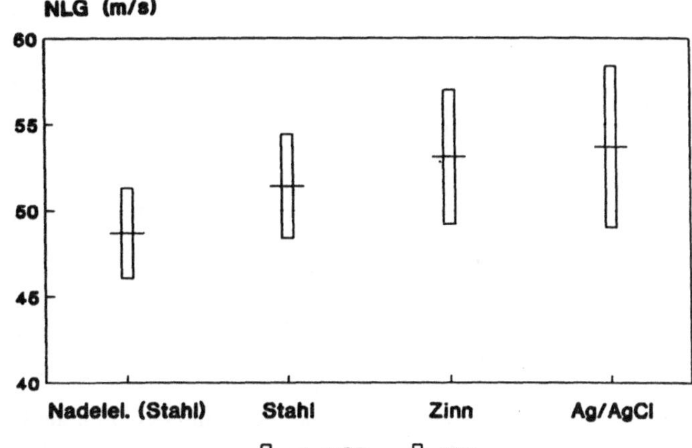

Abb. 38. Mittelwerte und einfache Standardabweichung für die Leitgeschwindigkeit des Nervus suralis bei Verwendung verschiedener Elektroden

Die Differenzen der Leitgeschwindigkeit waren statistisch signifikant unterschiedlich für die Nadelelektroden im Vergleich zu den Zinn und Silber-Silberchloridelektroden ($p < 0{,}05$, Wilcoxon-Test). Die Leitgeschwindigkeit der Oberflächenelektroden aus Stahl unterschieden sich signifikant von der Leitgeschwindigkeit, die mit den Oberflächenelektroden aus Zinn und Silber-Silberchlorid gemessen wurde ($p < 0{,}05$, Wilcoxon-Test). Die Differenzen der Latenzzeitverlängerung nach Suralisdoppelreiz unterschieden sich zwischen den einzelnen Elektroden nicht, obwohl bei Verwendung von Oberflächenelektroden aus Stahl eine Tendenz zur Erhöhung dieses Parameters festzustellen ist.

Die Ergebnisse dieser Untersuchung weisen nach, daß die gemessene Leitgeschwindigkeit des Nervus suralis mit von den Elektrodeneigenschaften abhängt. Da die Latenzzeitverlängerung nach Doppelreiz aus der Leitgeschwindigkeit errechnet wird, ist es logisch, daß sich dieser neurophysiologische Parameter unabhängig von der Elektrode verhält. Die unterschiedliche Amplitudenhöhe zwischen den Oberflächenelektroden einerseits und der Ableitung mittels Nadelelektroden andererseits stellt ein bekanntes Phänomen dar. Statistisch sind diese Differenzen signifikant ($p < 0{,}05$, Wilcoxon-Test).

Für die übrigen Parameter wie Potentialdauer und Amplitudenreduktion nach Doppelreiz ergaben sich keine statistisch signifikanten Unterschiede.

Annäherungsweise ergibt sich ein Umrechnungsfaktor von 1:3 für die Amplitude bei Ableitung mit Oberflächenelektroden im Vergleich zu Nadelelektroden.

Neundörfer und Mitarbeiter (209) fanden Differenzen der Leitgeschwindigkeit von 3,5 m/sec, je nachdem, ob mit Oberflächenelektroden oder mit Nadelelektroden gereizt wurde.

Ursache soll die vermehrte Variation des Reizstroms und die daraus resultierende proximalere Reizung im Vergleich zur Reizung mit Nadelelektroden sein. Diese Erklärung läßt sich aber nur in einem sehr begrenzten Umfang auf die Ergebnisse dieser Untersuchung übertragen.

Die Form der schnellsten und langsamsten Oberflächenelektrode ist identisch, der Durchmesser praktisch gleich.

	Amplitude μV	Potentialdauer msec	Amplitudenreduktion Prozent
Zinn	4,2 ± 1,6	1,04 ± 0,14	80 ± 11
Stahl	4,6 ± 1,8	0,98 ± 0,17	79 ± 14
Ag/AgCl	4,4 ± 2,1	1,05 ± 0,24	83 ± 16
Stahl (Nadel)	11,2 ± 8,7	0,96 ± 0,20	81 ± 13

Tabelle 10: Mittelwerte und einfache Standardabweichung für die Amplitudenhöhe, Potentialdauer und Amplitudenreduktion nach Doppelreiz

Das zuführende Kabel der Nadelelektroden und der Zinnelektroden stammte vom gleichen Hersteller und unterscheidet sich äußerlich nur durch die Art der Elektroden.

Da immer der gleiche Kontaktvermittler eingesetzt wurde, muß dieser Faktor nicht berücksichtigt werden (295).

Es ist anzunehmen, daß die unterschiedlichen Resultate für die Leitgeschwindigkeit des Nervus suralis auf den verschiedenen technisch-physikalischen Eigenschaften der benutzten Elektroden basieren. Die Impedanz einer Nadelelektrode aus rostfreiem Stahl ist gegenüber einer Silber-Silberchloridelektrode ca. achtzig mal höher (8). Die Impedanz der Oberflächenelektrode aus rostfreiem Stahl dürfte in der gleichen Größenordnung liegen. Die Oberfläche der Nadelelektrode beträgt 2 qmm, die der Zinnoberflächenelektrode 72 qmm. Der spezifische Widerstand zwischen Eisen und Silber unterscheidet sich etwa um eine Zehnerpotenz (143). Diese Unterschiede gehen auch direkt in die Kapazität der ableitenden Elektrode ein. In der Praxis bedeuten diese Ergebnisse, daß Elektroden einen Teil der Standardisierungsbedingungen darstellen. Wenn auch in Publikationen die Elektroden meistens angegeben werden, so ist es unzulässig, Normwerte aus der Literatur ohne Kenntnis der Elektroden oder eigene Standardisierung zu übernehmen.

Darüber hinaus ist die Anwendung von Doppelreizen nicht spezifisch elektrodenabhängig im Gegensatz zur Leitgeschwindigkeit und kann damit eine bessere Grundlage zum Vergleich neurophysiologischer Meßergebnisse darstellen.

7.2.2 Aufheizmethode

Die Beziehung zwischen der Nervenleitgeschwindigkeit und der Temperatur ist lange bekannt. Speziell beim Nervus suralis soll die Leitgeschwindigkeit um 1,1 m/sec bei einer Erhöhung um 1 °C zunehmen (12). Während für die sensible Leitgeschwindigkeit eine lineare Beziehung zur Temperaturänderung besteht (3, 168), ändert sich die Refraktärität exponentiell (48, 168).

Für wissenschaftliche Zwecke wird die nervennahe Temperatur subkutan bestimmt. In der Praxis wird die Leitgeschwindigkeit häufig nach Literaturangaben auf die Standardtemperatur " hochgerechnet " (19, 176, 209), oder die Haut wird mit einem Infrarotheizelement über dem Nerv erwärmt. Gelegentlich wird sogar auf jeglichen Temperaturausgleich verzichtet. Meistens erfolgt die Temperaturbestimmung mit einem Meßfühler. Diese Temperatur wird dann als repräsentativ für die Meßstrecke betrachtet (s. Tab. 11). Patienten mit polyneuropathischen Syndromen weisen andere Grundvoraussetzungen auf als Probanden, so daß es sogar notwendig erscheint festzustellen, ob für Patienten und Probanden gleiche Temperatureffekte bestehen.

Als erster Untersuchungsschritt wurde vor dem Aufheizen bei Probanden und Patienten die Hauttemperatur bestimmt. Die Distanz zwischen der Reiz- und der Ableitelektrode betrug konstant 15 cm. Diese Strecke wurde über dem Verlauf des Nervus suralis in neun Meßpunkte im Abstand von jeweils 2 cm aufgeteilt (s. Abb. 39, 40). Gemessen wurde von Reizelektrodenmitte (Punkt 1) zur Ableitelektrodenmitte (Punkt 9). Lediglich zwischen den beiden letzten Meßpunkten betrug der Abstand 1 cm.

Mit einem Infrarotheizelement des Typs Hellige SA wurde die Temperatur der Haut des Unterschenkels auf 37 °C aufgewärmt. Der Mittelpunkt des Infrarotheizelements wurde 12 cm über dem Referenztemperaturmeßfühler am Meßpunkt 3 (4 cm vom Stimulationspunkt am Malleolus externus entfernt) positioniert. Als die Temperatur von 37 °C erreicht worden war, wurde mit einem zweiten baugleichen Meßfühler die Temperatur der anderen acht Punkte bestimmt (s. Abb. 38, 40). Dabei wurde solange an jedem Meßpunkt verweilt, bis sich ein konstanter Wert eingestellt hatte. Beide Temperaturmeßfühler wurden parallel über eine Intensivüberwachungseinheit des Typs Sirecust mit zwei baugleichen, geeichten Temperaturmeßeinheiten betrieben. Anschließend bestimmten wir die Latenzzeitverlängerung nach Doppelreiz und die Leitgeschwindigkeit des Nervus suralis. Als sich die Ausgangstemperatur wieder eingestellt hatte, wurde in einem zweiten Meßgang der Referenztemperaturmeßfühler und das Infrarotheizelement an dem Punkt 6 (10 cm vom Stimulationspunkt am Malleolus externus entfernt) einjustiert (s. Abb. 39, 40).

Mit dem bereits geschilderten Verfahren wurde danach erneut die Temperatur der anderen acht Meßpunkte und die Leitgeschwindigkeit und Latenzzeitverlängerung nach Doppelreiz bestimmt. Die methodischen und technischen Parameter dieser Studie entsprachen denen des Kapitels 5 und 6.

Mit dieser Methode wurden 18 Probanden im Alter von 36 ± 12 Jahren untersucht. Es handelte sich um acht Frauen und zehn Männer. Die 15 Patienten mit leichten polyneuropathischen Beschwerden waren 46 ± 14 Jahre alt. Es handelte sich um drei Frauen und zwölf Männer. Bei zwölf Patienten bestand ein Diabetes mellitus, bei den übrigen war die Ursache der Polyneuropathie noch unklar.

Die Hauttemperatur des Probandenkollektivs lag vor dem Erwärmen bei 24,8 ± 1,6 °C, die Patienten mit polyneuropathischen Syndromen wiesen mit 26,8 ± 2,4 °C eine deutlich höhere Temperatur auf. Für das Probandenkollektiv ergibt sich beim Aufheizen im Punkt 3 (4 cm vom Stimulationspunkt am Malleolus externus entfernt) ein Temperaturprofil von 40,6 $\pm$ 1,2 bis 31,6 $\pm$ 1,1 °C (s. Abb. 39). Beim Aufheizen im Punkt 6 (10 cm vom Stimulationspunkt am Malleolus externus entfernt) ergeben sich dagegen deutlich niedrigere Werte von 37,3 $\pm$ 0,4 bis 30,0 $\pm$ 1,4 °C (s. Abb. 39). Bei Anwendung des Wilcoxon-Testes sind die Werte beider Temperaturprofile für alle Meßpunkte mit p < 0,05 signifikant different. Die Mittelwerte und die einfache Standardabweichung jedes einzelnen Meßpunktes für das Probandenkollektiv können der Abbildung 39 entnommen werden. Für Patienten mit polyneuropathischen Syndromen ergibt sich beim Aufheizen im Punkt 3 (4 cm vom Stimulationspunkt am Malleolus externus entfernt) ein Profil von 40,1 $\pm$ 1,2 bis 31,7 $\pm$ 0,9 °C, beim Aufheizen im Punkt 6 (10 cm vom Stimulationspunkt vom Malleolus externus entfernt) dagegen von 37,4 $\pm$ 1,3 bis 31,7 $\pm$ 0,8 °C. Unter Anwendung des Wilcoxon-Testes sind auch die Werte dieser beiden Temperaturprofile für alle Meßpunkte, ausgenommen Punkt 1, mit p < 0,05 signifikant different. Die Mittelwerte und die einfache Standardabweichung jedes einzelnen Meßpunktes sind der Abbildung 40 zu entnehmen. Die Ergebnisse der Latenzzeitverlängerung nach Doppelreiz, der Leitgeschwindigkeit und der Temperaturmittelwert für Probanden und Patienten sind der Tabelle 12 zu entnehmen. Sowohl die Leitgeschwindigkeit als auch die Latenzzeitverlängerung nach Doppelreiz der Punkte 3 und 6 (4 und 10 cm vom Stimulationspunkt am Malleolus externus entfernt) sind für beide Kollektive unter Anwendung des Wilcoxon-Tests statistisch signifikant different (p < 0,01).

Autor	Temperatur °C	Messpunkt	Ausgleichsart
Behse (12)	36 - 37	Bein	Heizstrahler
Thomas (288)	33 - 35	—	Heizlampe
Lehmann (157)	36,8 $\pm$ 1,2	—	Heizlampe
Lowitzsch (166)	—	subcutan Nähe Kathode	Korrektur auf 30 ° C mit 1,3 m/sec
Mamoli (176)	—	proximale Elektroden	Korrektur auf auf 35°C mit 2 m/sec/°C
Muche (197)	37,0	—	Infrarotstrahler
Schütt (252)	—	Nervennähe	Infrarotstrahler

Tabelle 11: Literaturangaben zur Technik des Temperaturausgleichs bei der Suralisneurographie. Angegeben sind die Temperatur bei der Messung in °C, der Temperaturmeßpunkt und die Methode des Ausgleichs der Temperaturdifferenz zwischen realer Temperatur und Standardtemperatur. (—: keine Angabe) (Angabe nur des Erstautors)

Vergleicht man die Unterschiede der Latenzzeitverlängerung nach Doppelreiz und der

Leitgeschwindigkeit zwischen den Probanden und Patienten, so zeigt sich, daß der Temperatureffekt bei den Patienten nicht in dem Maße in eine Verminderung der Latenzzeitverlängerung nach Doppelreiz und eine Zunahme der Leitgeschwindigkeit umgesetzt werden kann, wie es bei den Probanden geschieht (s. Tab. 12).

Als Konsequenz ist festzustellen, daß die Bestimmung der Oberflächentemperatur über dem Verlauf des Nervus suralis nicht den Rückschluß erlaubt, die Hauttemperatur sei über allen Punkten des Nervs auch nur annähernd gleich. Die gewöhnliche, routinemäßige Temperaturmessung (s. Tab. 11) mißt lediglich die Temperatur an an einem Punkt zwischen Reiz- und Ableitelektrode. Wie die Temperaturprofile des Probandenkollektivs deutlich zeigen, ist eine konstante Aufheiztechnik notwendig, um ein reproduzierbares Temperaturprofil zu erreichen (s. Abb. 39, 40).

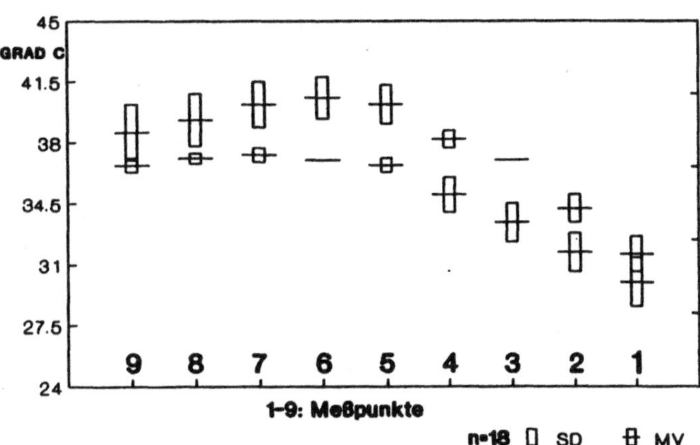

Abb. 39. Temperaturprofil der Hautoberfläche über dem Nervus suralis zwischen Reiz- und Ableitelektrode. Dargestellt sind die Mittelwerte ± S1 für Probanden. Die obere Kurve ergibt sich bei Position des Temperaturmeßfühlers und des Infrarotheizelements im Punkt 3, die untere bei Position im Punkt 6. Die Werte der Temperaturprofile sind in allen Meßpunkten mit mindestens $p < 0{,}05$ signifikant different

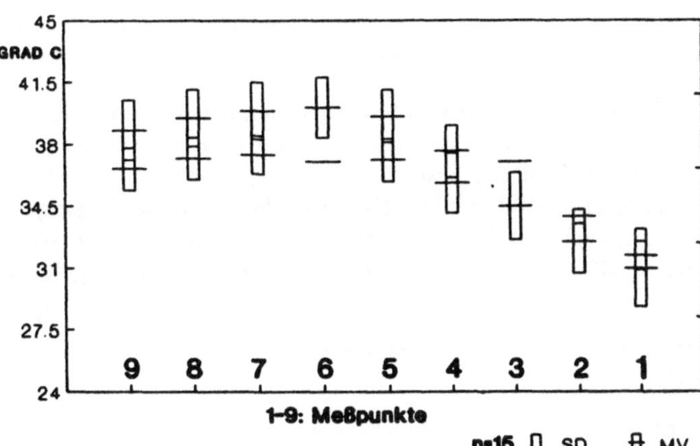

Abb. 40. Temperaturprofil der Hautoberfläche über dem Nervus suralis zwischen Reiz- und Ableitelektrode. Dargestellt sind die Mittelwerte ± S1 für Patienten mit Polyneuropathien. Die obere Kurve ergibt sich bei Position des Temperaturmeßfühlers und des Infrarotheizelements im Punkt 3, die untere bei Position im Punkt 6. Die Werte der Temperaturprofile sind in allen Meßpunkten mit mindestens $p < 0{,}05$ signifikant different, ausgenommen in Punkt 1

Da außer der Position des Infrarotstrahlers alle anderen Parameter unverändert blieben, sind die Veränderungen der Latenzzeitverlängerung nach Doppelreiz und der Leitgeschwindigkeit des Nervus suralis ein Resultat der Positionsänderung des Infrarotheizelements.

Eine Distanzänderung zwischen dem Infrarotheizelement und der Hautoberfläche wurde nicht durchgeführt, so daß dieser Faktor nicht berücksichtigt werden muß. Neben der indirekten Korrelation zur Distanz steht die Temperaturentwicklung an einer Oberfläche in einer direkten Korrelation zu den Winkeln zwischen der Heizquelle und der Oberfläche selbst (143). Da der Unterschenkel keine ebene Fläche darstellt, sind die Temperaturdifferenzen der Punkte 1 - 9 ein Resultat der unterschiedlichen Einstrahlungswinkel zwischen der Heizquelle und der Hautoberfläche über dem Nervus suralis (143).

Diese Überlegungen gelten prinzipiell für jedes Infrarotheizelement und jeden zu untersuchenden Nerv.

Nähere Aufschlüsse wären durch die Bestimmung der nervennahen Temperatur möglich gewesen; dieses Verfahren ist jedoch unter Einbeziehung aller neun Meßpunkte nicht zumutbar (136). In der Praxis kommt dieser Methode auch keine Bedeutung zu.

Messpunkt	Probanden	Patienten	Parameter
3	2.0 ± 1.0	6.5 ± 3.9	DRS (%)
3	57.8 ± 5.5	56.8 ± 5.7	NLG (m/sec)
3	38.1 ± 3.1	37.8 ± 2.9	X (°C)
6	4.0 ± 2.2	9.9 ± 5.2	DRS (%)
6	54.2 ± 4.5	54.1 ± 5.0	NLG (m/sec)
6	34.9 ± 2.6	35.3 ± 2.3	X (°C)

Tabelle 12: Ergebnisse der neurophysiologischen Messungen bei Installierung des Temperaturmeßfühlers und des Infrarotheizelements im Punkt 3 und im Punkt 6. Latenzzeitverlängerung des zweiten Nervenaktionspotentials nach Suralisdoppelreiz (DRS) in Prozent, Nervenleitgeschwindigkeit(NLG) in m/sec und Mittelwert der Temperatur (X) in °C

Die Probleme mit einem Infrarotheizelement werden auch in der Publikation von Lang und Mitarbeitern (149) deutlich. Diese Autoren erwärmten die Unterarme der Patienten in einem Paraffinbad. Erst 20 Minuten später konnten Aktionspotentiale mit konstanten Latenzen abgeleitet werden. Es muß daher davon ausgegangen werden, daß bis zum völligen Ausgleich der Temperaturen in einer Extremität wesentlich mehr Zeit vergeht, als routinemäßig mit einem Infrarotheizelement Wärme zugeführt wird.

Der temperaturbedingte Anstieg der Leitgeschwindigkeit des Nervus suralis (s. Tab. 12) liegt in einer Größenordnung wie er auch von anderen Autoren erwähnt wird (170, 171, 184).

Diese Untersuchungen ergeben, daß die Aufheiztechnik neben den anderen Faktoren Teil der Standardbedingungen ist. Es erscheint daher nicht vertretbar, von der Hauttemperatur ausgehend, mit Daten aus der Literatur die Leitgeschwindigkeit für einen Nerven hochzurechnen.

Die unterschiedliche Abnahme der Latenzzeitverlängerung nach Doppelreiz zwischen Probanden und Patienten kann als weiterer Hinweis auf eine Funktionsänderung gewertet werden, die die Latenzzeitverlängerung nach Doppelreiz beeinflußt. Ähnliche Beobachtungen wurden auch von Alfonsi und Mitarbeitern (3) gemacht.

Nach Ludin und Tackmann (170, 171) stellt die fehlende Temperaturkontrolle eine wesentliche Fehlerquelle dar. Als Konsequenz aus dieser Untersuchung ergibt sich weiterhin, daß es nicht ausreichend erscheint, die Temperatur an einer beliebigen Stelle über einem Nerv zu messen. Die Position des Temperaturmeßfühlers und des Infrarotheizelements stellt einen so wesentlichen Faktor dar, daß die Veränderung dieser Position bereits zu statistisch signifikant unterschiedlichen Normwerten für die Nervenleitgeschwindigkeit und die Latenzzeitverlängerung nach Doppelreiz führt.

Bei zukünftigen Studien erscheint es daher unumgänglich, nicht nur die Temperatur, bei der gemessen wurde, sondern auch den Ort der Messung und die Position des Heizstrahlers genau anzugeben. Für die Doppelreiztechnik jedoch ist diese adäquate Aufheizmethode eine Grundvoraussetzung, um subklinische Veränderungen der peripheren Nervenfunktion zu erfassen (113, 117, 124, 125, 126, 282).

7.3 Reproduzierbarkeit der Methode

Wesentlich zur Beurteilung des Wertes technischer, medizinischer Untersuchungen ist die Beantwortung der Frage, inwieweit neurophysiologische Meßergebnisse reproduziert werden können. Neben den individuellen Meßergebnissen eines Probanden müssen, statistisch gesehen, der Mittelwert und die Standardabweichung Auskunft über diese Problematik geben. Sämtliche technisch-methodischen Parameter der neurophysiologischen Untersuchung müssen dazu eingehalten werden (s. Kap. 7).

Unter dieser Fragestellung untersuchten wir 29 Probanden im Alter von 38 ± 13 Jahren. Es handelte sich um 15 Männer und 14 Frauen. Die Teilnahme war freiwillig, eine Vergütung wurde nicht gezahlt. Die Methode und andere Grundvoraussetzungen entsprechen denen, die bereits im Kapitel 5 und 6 dargestellt wurden.

Die neurophysiologischen Messungen des Nervus suralis und peronaeus wurden nach 3,0 ± 1,9 Tagen wiederholt, wobei der kleinste Abstand zwischen beiden Untersuchungsterminen einen Tag und der größte acht Tage betrug. Im Gegensatz zu den Untersuchungen des Kapitels 7.1.4 wurde in dieser Studie der Fixierungspunkt der Elektroden nicht markiert, um möglichst realitätsnah zu arbeiten.

Statistische Analysen ergaben für alle Meßwerte beider Nerven keinen signifikanten Unterschied zwischen den beiden Messungen (Wilcoxon-Test).

Für die Latenzzeitverlängerung nach Suralisdoppelreiz ergab sich bei 21 Probanden eine Zunahme, die zwischen 0,1 - 4,0 % lag und bei acht Probanden eine Abnahme zwischen 0,1 - 2,3 %. Für die Leitgeschwindigkeit des Nervus suralis war bei 19 Probanden in der Vergleichsuntersuchung eine Zunahme der Leitgeschwindigkeit von 0,4 - 4,7 m/sec festzustellen, bei zehn Probanden eine Abnahme von 5,7 - 0,6 m/sec. Bei 18 Probanden nahm die Amplitude zwischen 0,2 - 5,2 μV ab, bei elf Probanden zwischen 0,6 - 0,6 μV zu. Die Potentialdauer nahm bei 16 Probanden zwischen 0,6 und 0,1 msec zu, bei elf Probanden zwischen 0,6 und 0,1 msec ab, während sie bei zwei Probanden gleich blieb. Die Amplitudenreduktion nach Doppelreiz nahm bei dreizehn Probanden zwischen 9 - 23 % zu, bei 16 Probanden dagegen zwischen 42 - 5 % ab.

Für den Nervus peronaeus ergab sich bei 23 Probanden eine Zunahme der Leitgeschwindigkeit zwischen 0,1 - 4,8 m/sec, bei sechs Probanden eine Abnahme zwischen 0,1 - 4,8 m/sec. Für die distale Latenz des Nervus peronaeus ergab sich bei 19 Probanden eine

Zunahme zwischen 0,1 und 1,0 msec, bei acht Probanden eine Abnahme zwischen 0,1 - 0,5 msec. Die Amplitude nach distaler Stimulation nahm bei 20 Probanden zwischen 0,1 - 4,0 mV zu, bei neun Probanden ergab sich eine Abnahme zwischen 0,1 - 2,3 mV.

Diese Untersuchung weist klar nach, daß neurophysiologische Meßwerte trotz penibler Einhaltung der technisch-methodischen Parameter erhebliche Variabilitäten der Meßergebnisse aufweisen können. Es ergibt sich jedoch nicht der Fall, daß durch diese Veränderungen ein normaler Wert in der Wiederholungsuntersuchung ein pathologisches Ergebnis aufweist. Die Darstellung der Mittelwerte egalisiert die intraindividuellen Unterschiede.

Im Vergleich zu den Ergebnissen des Kapitels 7.1.4 über zirkadiane Veränderungen, die letztlich auch die Frage der Reproduzierbarkeit mitbeinhaltet, zeigt sich, daß die Variabilität der Meßergebnisse auch mit genauer Markierung des Applikationsortes für die Elektroden nicht wesentlich kleiner geworden ist. Die Ursache dieser Unterschiede dürfte z. B. für die Amplitudenhöhe die verschiedenen Hautwiderstände sein. Eine weitere Ursache können unterschiedliche Temperaturen der Extremitäten zu den Untersuchungszeitpunkten sein, die auch trotz Anwendung eines Heizstrahlers nur unvollständig ausgeglichen werden können (s. Kap. 7.2.2).

Verglichen mit Literaturdaten ist die Variabilität der Leitgeschwindigkeit motorischer und sensibler Nerven dieser Untersuchung geringer. Nach der Literatur sollen im Einzelfall Abweichungen bis zu 10 m/sec nicht sicher als signifikant bewertet werden (113, 170, 171). Die konsequente Einhaltung der technisch-methodischen Parameter, wie gleiche Aufheizmethode, gleiche Elektroden und die Vermessung des gleichen Nervensegments führen daher zu einer Zunahme der Reproduzierbarkeit neurophysiologischer Messungen.

In der Literatur fanden sich keine Hinweise über die Reproduzierbarkeit der Doppelreiztechnik an gleichen Probanden. Da diese Methode aber mit der Leitgeschwindigkeitsmessung gekoppelt ist, gelten die gleichen Abhängigkeiten, wobei die Sensitivität für Veränderungen der Ableitetechnik um ein Vielfaches höher ist. (s. Kap. 7.2.2). Die Ergebnisse zeigen, daß auch die Doppelreiztechnik routinemäßig ausreichend sicher reproduzierbar ist.

8 Latenzzeitverlängerung nach Doppelreiz bei Polyneuropathien

Unter dem Begriff Polyneuropathie sollen in Anlehnung an andere Autoren "diffus ausgebreitete" Erkrankungen der peripheren Nerven verstanden werden (212). Er stellt auch einen Überbegriff für die Gesamtheit der entzündlichen und degenerativen Erkrankungen peripherer Nerven dar (173). Zunächst sollen die Ergebnisse umfangreicher Studien erläutert werden, danach die Resultate kasuistischer Beobachtungen, die seltenere Formen von Polyneuropathien darstellen. Auf eine Gliederung nach histopathologischen oder ätiologischen Kriterien wird bewußt verzichtet, da gerade die Doppelreiztechnik frühe Stadien mit metabolisch-funktionellen Störungen erfaßt und neurophysiologisch eine sichere Zuordnung zu Läsionstypen durch die neurophysiologischen Untersuchungsergebnisse meistens nicht möglich ist (2, 145, 170, 170, 256).

Die Methode, Durchführung und Wertung der neurophysiologischen Untersuchungen entsprechen den Verfahrensweisen, die bereits in den Kapiteln 4 - 6 eingehend dargestellt wurden. Die Problematik der Amplitudenbestimmung mit Oberflächenelektroden wurde bereits in den Kapiteln 5 und 6 ausführlich diskutiert. Für die Beurteilung soll daher von den Meßergebnissen des Nervus suralis die Latenzzeitverlängerung nach Doppelreiz und die Leitgeschwindigkeit, für den Nervus peronaeus die Leitgeschwindigkeit und distale Latenz als neurophysiologischer Hinweis auf eine Polyneuropathie herangezogen werden. In einem eigenen Kapitel soll die Ableitung von Aktionspotentialen des Nervus suralis mit Oberflächen- und Nadelelektroden verglichen werden.

Kriterien zur Aufnahme in diese Untersuchung bildeten eine positive Anamnese wie z. B. die Angabe eines Diabetes mellitus. Seltenere Grunderkrankungen wie z. B. Vitamin B - 12 - Mangel konnten allerdings nur nach intensiver, internistischer oder neurologischer, stationärer Abklärung festgestellt werden. Es wurden bis auf einige Ausnahmen nur Patienten aufgenommen, bei denen die Grunderkrankung, die zur Polyneuropathie geführt hat, als gesichert gelten kann.

Die Patienten rekrutierten sich aus den Überweisungen an die Poliklinik und den stationären Patienten unserer Klinik. Auf das große Kollektiv von Patienten, bei denen die Ätiopathogenese der Polyneuropathie unklar blieb, wurde bewußt verzichtet. Klinische Kriterien für die Diagnose Polyneuropathie bildeten die Angabe von Parästhesien und Hypästhesien der unteren Extremitäten, eine Vibrationsminderung im Bereich der Malleolen und eine Verminderung der Achillessehnenreflexe. Es handelt sich daher überwiegend um Patienten mit distal betonten, symmetrischen Polyneuropathien. Patienten, bei denen mehrere mögliche Ursachen für die Polyneuropathie vorhanden waren wie z. B. ein Diabetes und eine Niereninsuffizienz, wurden nicht aufgenommen. Als Erkrankungsdauer wurde die durch diagnostische Maßnahmen gesicherte Zeitspanne der ätiologischen Ursache der grundlegenden Erkrankung gewählt. Neben der Aufteilung nach diesen Gesichtspunkten sollen Aspekte, die nur an einem größeren Kollektiv darzustellen sind wie z. B. der Einfluß zusätzlicher vaskulärer Faktoren durch Zigarettenrauchen in eigenen Kapiteln dargestellt werden.

In den Tabellen 13 und 14 werden die Ergebnisse der Latenzzeitverlängerung nach Doppelreiz im Überblick dargestellt.

8.1 Studien zur Latenzzeitverlängerung nach Doppelreiz bei Polyneuropathien

8.1.1 Latenzzeitverlängerung nach Doppelreiz bei HIV-infizierten Patienten

In letzter Zeit gewinnt dieses Patientenklientel für Neurologen zunehmend an Bedeutung. Für den Erreger des AIDS wird in der Zwischenzeit die Abkürzung HIV anstelle von HTLV-III benutzt.

In Zusammenarbeit mit der Medizinischen Klinik der Universitätsklinik Münster wurden insgesamt 41 Patienten im Rahmen eines Screenings klinisch und neurophysiologisch untersucht, d. h. die Patienten mußten nicht zwangsläufig Hinweise auf eine Polyneuropathie aufweisen.

Es handelte sich um 36 Männer und fünf Frauen im Alter von 38,8 ± 9,2 Jahren. 18 Patienten hatten sich die Infektion vermutlich durch intravenöse Applikation von Drogen mit gemeinsamen Gebrauch von Injektionsbestecken zugezogen, 20 Patienten durch homo- oder heterosexuellen Geschlechtsverkehr, ein Patient wohl im Rahmen einer Substitutionstherapie bei Hämophilie, ein Patient vermutlich durch eine Bluttransfusion, und bei einem Patienten blieb der mögliche Infektionsmodus ungeklärt.

Nach der Klassifikation des Walter-Reed Army Institute of Research (WR-Klassifikation) war ein Patient dem WR-Stadium 1, acht dem WR- Stadium 2, drei dem WR-Stadium 3, vier dem WR-Stadium 4, 12 dem WR- Stadium 5 und 13 dem WR-Stadium 6 zuzuordnen. 17 Patienten klagten über Parästhesien, bei acht zeigten sich Hypästhesien der unteren Extremitäten, sieben Patienten wiesen eine Herabsetzung der Vibration im Bereich der Knöchel auf, und bei vieren waren die Achillessehnenreflexe nur vermindert auslösbar.

Abbildung 41 stellt die pathologischen Resultate der neurophysiologischen Meßergebnisse dar.

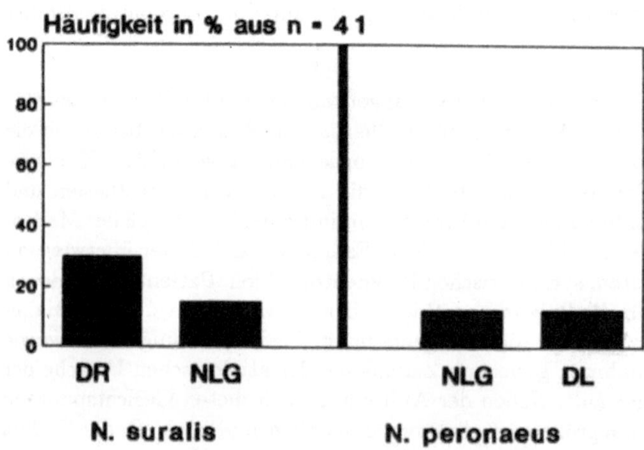

Abb. 41. Pathologische Resultate der neurophysiologischen Meßergebnisse bei HIV-Patienten. NLG: Nervenleitgeschwindigkeit. DR: Latenzzeitverlängerung nach Doppelreiz. DL: distale Latenz

Stellt man eine Korrelation zwischen den Stadien der WR-Klassifikation und den neurophysiologischen Ergebnissen her, so zeigt sich, daß der größte Teil pathologischer Parameter dem WR-Stadium 6 zuzuordnen ist (s. Abb. 42). Die Aufschlüsselung nach dem Infektionsmodus ergab, daß für die Gruppe der Drogenabhängigen keine besondere Häufung

pathologischer Parameter festzustellen war. Die Ergebnisse weisen deutlich nach, daß bei
HIV-Infektionen, vor allem in Spätstadien mit fortgeschrittenen Immundefekten, bevorzugt polyneuropathische Syndrome auftreten. Die nicht invasive Doppelreiztechnik weist
die Manifestation in einem besonders hohen Ausmaß nach. Nach Literaturangaben können
bis zu 30 Prozent der Patienten mit einem HIV-Infekt an Polyneuropathien erkranken (65,
66, 192, 245).

Die Kumulierung pathologischer Resultate in den weiter fortgeschrittenen Erkrankungsstadien (s. Abb. 42) weist darauf hin, daß die Polyneuropathie bei HIV-Infizierten an
die Progredienz der Erkrankung selbst gebunden ist. Eine Vorschädigung des peripheren
Nervensystems durch Drogenabusus scheint daher nicht in dem Ausmaß von Bedeutung
zu sein, wie es zunächst vermutet werden könnte.

Histopathologische Untersuchungen ergeben Hinweise auf einen entzündlichen Prozeß
(175, 192) und auf eine Verminderung myelinisierter, großkalibriger Fasern (65, 175, 192).
Ho und Mitarbeiter erbrachten den direkten Nachweis des Virus in peripheren Nerven
(107), aber eine multifaktorielle Genese der Polyneuropathie bei HIV-Infizierten wird in
der Literatur bevorzugt diskutiert (10, 19, 65, 264, 236), wobei durch die Latenzzeitverlängerung nach Doppelreiz die Beteiligung des peripheren Nervensystems frühzeitig
objektiviert werden kann.

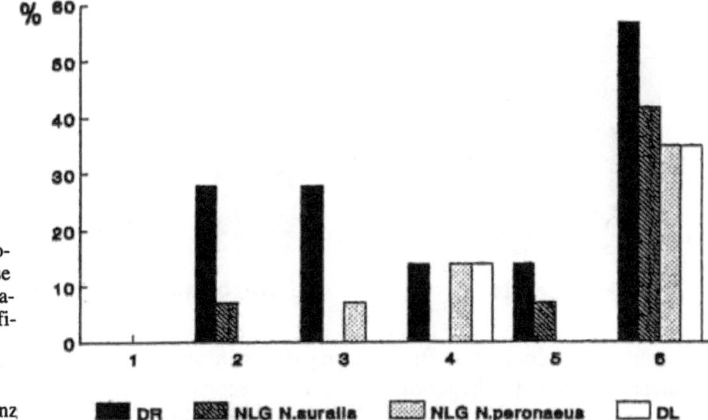

Abb. 42. Pathologische neurophysiologische Meßergebnisse
bei HIV-Infizierten in Korrelation zur Walter-Reed- Klassifikation (1-6). NLG: Nervenleitgeschwindigkeit. DR: Latenzzeitverlängerung nach
Doppelreiz. DL: distale Latenz

8.1.2 Latenzzeitverlängerung nach Doppelreiz bei Kollagenosen

Wohl erstmals 1942 wurden der akute, disseminierte Lupus erythematodes und die diffuse Sklerodermie von Klemperer et alii als "diffuse collagen disease" (254) bezeichnet.
Dieser Begriff wurde in der Zwischenzeit weiter gefaßt, so daß zum Formenkreis der an-
giopathischen Neuropathien die Beteiligung des peripheren Nervensystems bei Polyarteriitis nodosa, Lupus erythematodes, Sklerodermie und Dermatomyositis gezählt wird (173,
254, 220). In dieser Gruppe waren 15 Patienten an einem Lupus erythematodes erkrankt,
drei an einer Panarteriitis nodosa, drei an einer Sklerodermie und sechs an einer Dermatomyositis. Da die Kollektive zum Teil sehr klein sind, wurden sie unter dem Begriff
Polyneuropathien bei Kollagenosen zusammengefaßt.

Die Diagnosen der Erkrankungen dieses Formenkreises wurden entweder von internistischer oder von dermatologischer Seite gestellt. Immunsuppressiv behandelte Patienten wurden nicht in diese Untersuchung aufgenommmen.

Das Untersuchungskollektiv bestand aus 27 Patienten im Alter von 54 ± 12 Jahren, die 5,0 ± 4,5 Jahre erkrankt waren. Es handelte sich um 16 männliche und elf weibliche Patienten.

Die klinische Untersuchung der unteren Extremitäten ergab bei 16 Patienten Parästhesien, bei 14 Hypästhesien, 16 zeigten eine Herabsetzung oder einen Verlust der Vibrationsempfindung und 19 wiesen einen Verlust oder eine Herabsetzung der Achillessehnenreflexe auf. Lediglich ein Patient zeigte keines der angeführten klinischen Symptome, neun Patienten wiesen wenigstens ein klinisches Symptom als Hinweis auf eine Polyneuropathie auf, sechs Patienten zwei, fünf Patienten drei, und sechs Patienten wiesen vier klinische Symptome als Hinweis auf eine Polyneuropathie auf.

Abbildung 43 stellt die pathologischen Resultate der Latenzzeitverlängerung nach Doppelreiz und der anderen neurophysiologischen Meßergebnisse dar.

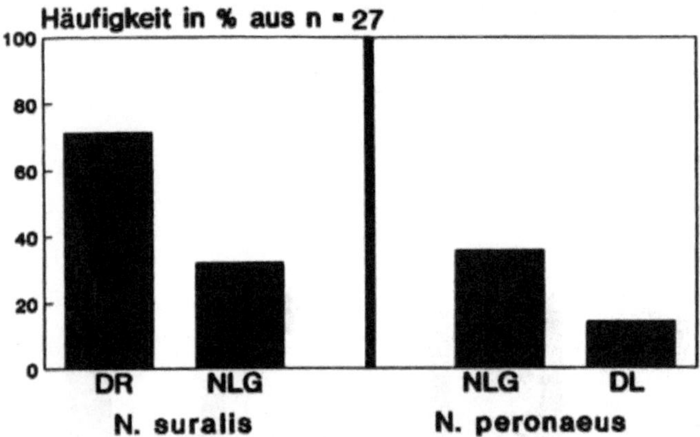

Abb. 43. Ergebnisse der neurophysiologischen Untersuchungen bei Patienten mit Kollagenose. NLG: Nervenleitgeschwindigkeit. DR: Latenzzeitverlängerung nach Doppelreiz. DL: distale Latenz

Zur neurophysiologischen Bestätigung der klinischen Diagnose Polyneuropathie bei Kollagenose wurden die Ergebnisse der Latenzzeitverlängerung nach Doppelreiz, die Leitgeschwindigkeit des Nervus suralis, die Leitgeschwindigkeit und die distale Latenz des Nervus peronaeus ausgewertet. Bei fünf Patienten waren die neurophysiologischen Werte im Normbereich, bei fünf war ein Meßwert pathologisch, bei neun Patienten waren zwei, bei fünf Patienten drei, und bei drei Patienten waren alle Werte pathologisch.

Die Spezifität einer neurophysiologischen Methode ergibt sich unter anderem daraus, in welchem Maße sie in der Lage ist, Polyneuropathien mit geringer klinischer Symptomatik zu erfassen. Deutlich zeigt sich, daß die Latenzzeitverlängerung nach Doppelreiz gerade die Befunde mit geringer klinischer Symptomatik objektiviert.

In der Literatur finden sich keine Publikationen, in denen die Latenzzeitverlängerung nach Doppelreiz zur Diagnostik der Polyneuropathie bei Kollagenosen angewandt wird.

Als Ergebnis dieser Untersuchung ist festzustellen, daß durch die Latenzzeitverlängerung nach Doppelreiz bei 22 von 27 Patienten (81,5 %) neurophysiologische Veränderungen der peripheren Nervenfunktion zu beobachten sind. Die pathologischen neurophysiologischen

Resultate bei Kollagenosen weisen die frühzeitige Beteiligung des peripheren Nervensystems nach, wie es auch durch andere Autoren bei Kollagenosen unterschiedlicher Genese bestätigt wird (261).

Da das Grundleiden bei den Kollagenosen systemische Ausprägung besitzt, ergeben sich trotz unterschiedlicher Manifestation an den Organsystemen grundlegende Gemeinsamkeiten.

Die entzündlich-allergische Vaskulitis als Ursache ist in ihrer Entstehung noch nicht eindeutig geklärt. Ablagerungen von Immunkomplexen an den Gefäßwänden sollen aber mit eine herausragende Bedeutung haben.

Der bevorzugte Befall von Nerven der unteren Extremitäten soll hämodynamische Ursachen haben. Hier könnten sich Parallelen zur Dysfunktion peripherer Nerven bei Rauchern im Vergleich zu Nichtrauchern ergeben. Die Dysfunktion des Nervus suralis bei Rauchern kann auch durch hämorheologisch-hämodynamische Ursachen erklärt werden (s. Kap. 9.1).

Eine Progredienz der Erkrankung mit Funktionseinbußen weitere Organsysteme wie z. B. der Nieren dürfte eine zusätzliche Verschlechterung der Funktion peripherer Nerven bedeuten. Als Ursache der Beteiligung des peripheren Nervensystems durch Kollagenosen wird hauptsächlich die Vaskulitis angesehen, wobei die Abgrenzung zur Polyarthritis und Polyarteriitis nodosa Schwierigkeiten bereiten kann (16, 190, 241). Demyelinisierungen bei Polyneuropathien aufgrund von Kollagenosen (193) können als Hinweis auf einen ischämischen Prozeß gewertet werden (33, 193). Es ist jedoch schwierig, ischämische Prozesse peripherer Nerven im Initialstadium bei Polyneuropathien als Ursache einer minimalen Dysfunktion nachzuweisen (13). Sicherlich werden durch die Latenzzeitverlängerung nach Doppelreiz auch bei Polyneuropathien durch Kollagenosen bereits frühe funktionelle Störungen erfaßt, die sich strukturell noch nicht gravierend manifestiert haben. Die Latenzzeitverlängerung nach Doppelreiz bietet eine klinisch-neurophysiologisch sichere und einfache Möglichkeit, in größerem Ausmaß als bisher die Beteiligung des peripheren Nervensystems bei Kollagenosen zu objektivieren. Ein therapeutischer Ansatzpunkt könnte auch eine neurophysiologische Verlaufskontrolle einer hämorheologischen Therapie der vaskulären Anteile des Pathomechanismus sein (92).

8.1.3 Latenzzeitverlängerung nach Doppelreiz bei Diabetes mellitus

In diesem Kapitel werden die Ergebnisse des sehr großen Patientenkollektivs mit Polyneuropathie bei Diabetes mellitus dargestellt, die in der Literatur einen wesentlichen Teil der Publikationen bildet. Der Diabetes mellitus soll ca. 30 % aller Polyneuropathien verursachen (147, 173, 208). Wegen der großen Anzahl bietet diese Patientengruppe die Möglichkeit, Zusammenhängen zwischen der Erkrankungsdauer, klinischen Befunden und neurophysiologischen Ergebnissen nachzugehen.

Mit der Diagnose einer Polyneuropathie bei Diabetes mellitus wurden insgesamt 168 Patienten untersucht. Es handelte sich um 98 männliche und 70 weibliche Patienten im Alter von 54 ± 16 Jahren, die seit 13,3 ± 9,5 Jahren an Diabetes erkrankt waren. Die Diagnose Diabetes mellitus wurde von internistischer Seite gestellt, oder aber es handelte sich um Überweisungsdiagnosen der Hausärzte. Alle Patienten wurden wegen des Diabetes behandelt, 22 mit Diät, 58 mit oralen Antidiabetika und 88 mit Insulin. Patienten, bei denen eine weitere Erkrankung bekannt war, die zu einer Polyneuropathie führen kann, wurden nicht in diese Untersuchung aufgenommen. Bei 26 Patienten handelte es sich um einen Diabetes Typ I, bei den anderen Patienten lag ein Diabetes Typ II vor.

Bei 21 Patienten ergab die klinische Untersuchung an den unteren Extremitäten für die vier klinischen Kriterien Parästhesien, Hypästhesien, Verminderung der Achillessehnenreflexe und Verminderung der Vibrationsempfindung einen unauffälligen Befund. 98 Patienten gaben Parästhesien und 105 Patienten Hypästhesien an. Bei 49 Patienten waren die Achillessehnenreflexe normal auslösbar, bei 59 Patienten zeigte sich eine Herabsetzung der Achillessehnenreflexe, und bei 60 Patienten erwiesen sich die Achillessehnenreflexe als nicht auslösbar. Das Vibrationsempfinden war bei 56 Patienten normal, 85 Patienten wiesen eine Verminderung des Vibrationsempfindens auf und bei 27 Patienten war die Vibrationsempfindung erloschen.

Bei 22 Patienten erwies sich nur einer dieser vier beschriebenen klinischen Parameter als verändert, bei 28 zwei Parameter, bei 25 Patienten erwiesen sich drei klinische Parameter als pathologisch verändert und bei 72 Patienten alle klinischen Parameter.

Bei 44 Patienten war die Latenzzeitverlängerung nach Doppelreiz normal, bei 45 Patienten pathologisch verlängert, während bei 79 Patienten durch den Doppelreiz kein zweites Nervenaktionspotential mehr ausgelöst werden konnte. Die Leitgeschwindigkeit des Nervus suralis war bei 70 Patienten normal, bei 37 Patienten verlängert und bei 61 Patienten konnte kein Nervenaktionspotential abgeleitet werden. Die Leitgeschwindigkeit des Nervus peronaeus lag bei 91 Patienten im Normbereich, 71 Patienten wiesen eine Verlängerung auf, während bei sechs Patienten kein Nervenaktionspotential evozierbar war. Die distale Latenz des Nervus peronaeus war bei 114 Patienten normal, bei 34 Patienten pathologisch, und bei sechs Patienten war kein Nervenaktionspotential mehr abzuleiten.

In der Praxis ist die Korrelation zwischen den Ergebnissen der klinischen Untersuchung und der Objektivierung durch neurophysiologische Techniken wesentlich. Daher wurde das Gesamtkollektiv in fünf Gruppen nach den klinisch-diagnostischen Parametern aufgeteilt:

1. einem pathologischen klinischen Befund,

2. zwei pathologischen klinischen Befunden,

3. drei pathologischen klinischen Befunden,

4. vier pathologischen klinischen Befunden.

Für jede Gruppe wurde jeweils der Anteil pathologischer neurophysiologischer Parameter wie Latenzzeitverlängerung nach Doppelreiz, Verlängerung der Leitgeschwindigkeit des Nervus peronaeus und suralis und Verlängerung der distalen Latenz des Nervus peronaeus bestimmt. Abbildung 44 stellt die prozentualen Anteile pathologischer neurophysiologischer Parameter für die einzelnen Gruppen in Abhängigkeit von der klinischen Symptomatik dar.

Als wesentliches Ergebnis ist festzustellen, daß in den Gruppen mit einem oder zwei pathologischen klinischen Befunden wie z. B. Hypästhesien und einer Vibrationsminderung, die Veränderung der Nervenfunktion durch die pathologische Latenzzeitverlängerung nach Doppelreiz in größerem Ausmaß objektiviert wird als durch die Leitgeschwindigkeit des Nervus suralis und peronaeus. In den Gruppen mit drei und vier pathologischen klinischen Parametern ist die Diskrepanz zwischen der Latenzzeitverlängerung nach Doppelreiz und den anderen neurophysiologischen Parametern nicht mehr so ausgeprägt (s. Abb. 44).

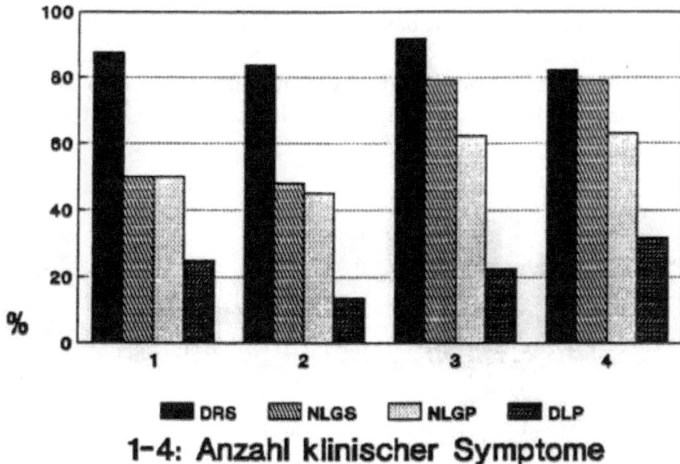

1-4: Anzahl klinischer Symptome

Abb. 44. Prozentuale Anteile pathologischer neurophysiologischer Parameter für die einzelnen Gruppen in Korrelation zur zunehmenden klinischen Symptomatik bei diabetischer Polyneuropathie

Die durchschnittliche Erkrankungsdauer ist für die einzelnen Gruppen der Abbildung 43 unterschiedlich. Während die Patienten ohne klinische Symptomatik 12 ± 8 Jahre an Diabetes mellitus leiden, beträgt die Dauer der Erkrankung für die Gruppe mit einem pathologischen klinischen Befund 9 ± 6 Jahre, für die Gruppe mit zwei pathologischen klinischen Befunden 11 ± 9 Jahre, für die Gruppe mit drei pathologischen klinischen Befunden 12 ± 8 Jahre und für die Gruppe mit vier pathologischen klinischen Befunden 16 ± 10 Jahre.

Da Parästhesien und Hypästhesien mehr auf subjektiven Angaben beruhen als eine Verminderung der Reflexe und des Vibrationsempfindens, wurde ein Punktescore erstellt, der die Symptome unterschiedlich gewichtet. Hypästhesien, Parästhesien, eine Abschwächung der Achillessehnenreflexe und des Vibrationsempfindens wurden mit jeweils einem Punkt bewertet, während ein Verlust des Vibrationsempfindens und der Achillessehnenreflexe mit jeweils zwei Punkten bewertet wurden. Für jeden Patienten wurde die Gesamtpunktzahl ausgerechnet, und es wurden sieben Gruppen nach der möglichen Punktzahl von null bis sechs gebildet. Abbildung 45 stellt die neurophysiologischen Ergebnisse in Abhängigkeit zur erreichten Punktezahl des Polyneuropathiescores dar. Zusätzlich wurde die Dauer der Erkrankung für die einzelnen Gruppen angegeben.

Die klinischen Befunde dieser Untersuchung entsprechen denen anderer Publikationen und sind typisch für eine Polyneuropathie bei Diabetes mellitus, die mit zu den am häufigsten untersuchten Formen bei Patienten und im Tierexperiment gehört (29, 100, 106, 133, 148, 183, 185, 187). Die Veränderung der Refraktärität des Nervus suralis bei der diabetischen Polyneuropathie wurde von anderen Autoren an einem kleinen Kollektiv mit anderen Techniken untersucht (253, 254).

Zusätzlich finden sich auch Studien über die Refraktärität des Nervus ulnaris und medianus (164) bei der diabetischen Polyneuropathie.

Für den Nervus suralis liegen bislang nur Ergebnisse vor, bei denen Nadelelektroden sowohl zur Stimulation als auch zur Ableitung verwandt wurden, während hier erstmals ein Kollektiv unter ausschließlicher Verwendung von Oberflächenelektroden untersucht wurde. Für das Kollektiv ohne klinische Beschwerden liegen die pathologischen Resultate dieser Untersuchung mit 82 % für die Latenzzeitverlängerung nach Doppelreiz in einer vergleichbaren Größenordnung wie in der Literatur (252). Ungefähr jeder zweite Patient dieser Gruppe weist damit bereits eine subklinische Beteiligung des peripheren Nervensystems auf, die überhaupt erst durch diese Spezialuntersuchung eruiert wird. In der Praxis sollte daher versucht werden, für dieses Kollektiv noch eine bessere Einstellung der Grunderkrankung zu finden und gegebenenfalls zusätzliche Faktoren wie z. B. Vitaminmangel auszuschalten.

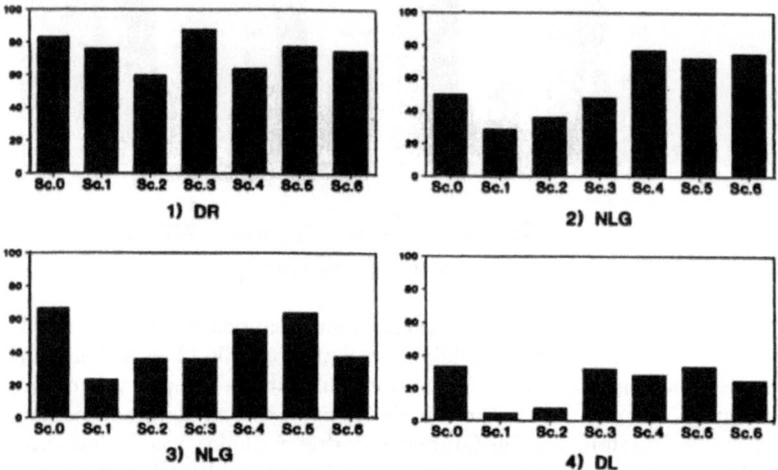

Abb. 45. Ergebnisse des Polyneuropathiescores (Sc.0 – Sc.6) für Patienten mit Polyneuropathie bei Diabetes mellitus (Häufigkeit in % aus n = 168);
1) Latenzzeitverlängerung nach Doppelreiz (DR); 2) Leitgeschwindigkeit Nervus suralis (NLG); 3) Leitgeschwindigkeit Nervus peronaeus (NLG); 4) Distale Latenz Nervus peronaeus (DL)

Für das Gesamtkollektiv von 168 Patienten ist ein Vergleich mit den Ergebnissen von Schütt und Mitarbeitern (253) möglich. Für das Stimulusintervall von 3 msec fanden diese Autoren bei 70 % der Patienten ein pathologisches Resultat, was im Einklang mit den Ergebnissen dieser Untersuchung steht (75 %). Vergleicht man diese beiden Prozentzahlen, so ergibt sich eine valide Objektivierung der Funktionsänderung des Nervus suralis bei der diabetischen Polyneuropathie. Für die Doppelreiztechnik scheint es daher nicht so wesentlich zu sein, ob der Nerv mit Oberflächen- oder Nadelelektroden stimuliert wird, oder ob das Nervenaktionspotential mit Oberflächen- oder Nadelelektroden abgeleitet wird. Die Elektrodenvergleichsuntersuchungen für die Latenzzeitverlängerung nach Doppelreiz und die Leitgeschwindigkeit des Nervus suralis unterstützen diese Resultate (s. Kap. 7.2.1).

Im Gegensatz zur Latenzzeitverlängerung nach Doppelreiz weisen die Ergebnisse für die Leitgeschwindigkeit des Nervus suralis bei der diabetischen Polyneuropathie nach der Literatur eine größere Variationsbreite in der Objektivierung der pathologischen Verhältnisse des Nervus suralis auf. Je nach Methode und Patientenkollektiv beträgt die Anzahl pathologischer Resultate der Leitgeschwindigkeit des Nervus suralis zwischen 42 und 62 % (29, 253, 283), während die Ergebnisse für die Leitgeschwindigkeit den Nervus peronaeus zwischen 35 und 88 % (183, 205, 283) betragen. Die deutliche Korrelation zwischen den neurophysiologischen Parametern und den klinischen Befunden (s. Abb. 44) zeigt sich auch in anderen Publikationen (25, 90, 283). Diese Untersuchungsergebnisse belegen eindeutig, daß eine Zunahme der klinischen Befunde, die auf eine Polyneuropathie hinweisen, mit einer Zunahme pathologischer neurophysiologischer Befunde verbunden ist. Gleichzeitig steigt auch die Erkrankungsdauer mit Zunahme der klinischen Befunde in den einzelnen Gruppen an (s. Abb. 43, 44).

Histologische Untersuchungen des Nervus suralis bei Patienten mit Polyneuropathie bei Diabetes mellitus ergaben Veränderungen des Myelins, der Axone (14, 23, 62, 132, 185, 221) und insbesondere segmentale Demyelinisierungen (45, 155). In letzter Zeit werden Mikrozirkulationsstörungen auch als wesentlicher Teilfaktor dieser strukturellen Schäden betrachtet (61, 129, 187, 213, 225, 226, 227, 291). Hämorheologisch ergaben eigene Untersuchungen eine Korrelation zwischen den veränderten Parametern der Blutfließeigenschaften und der Zunahme pathologischer neurophysiologischer Befunde bei Berücksichtigung der Latenzzeitverlängerung nach Doppelreiz (92).

Die Tatsache, daß auch ohne klinische Anzeichen einer Polyneuropathie bei Patienten mit Diabetes mellitus eine Verminderung der Leitgeschwindigkeit festgestellt wird (100, 222, 215, 253, 289) und auch histologische Untersuchungen keine Erklärung liefern (13), weist darauf hin, daß metabolische und funktionelle Prozesse im Frühstadium der Erkrankung ablaufen, die neurophysiologisch weder durch die Leitgeschwindigkeitsmessung noch histologisch durch eine Biopsie eindeutig erfaßt werden. Tierexperimentell besteht eine Korrelation zwischen der Dauer des Diabetes und der Verminderung der Leitgeschwindigkeit (289), die bereits wenige Stunden nach Beginn einer Hyperglykämie eintritt (257).

Die Ergebnisse der Latenzzeitverlängerung nach Doppelreiz bei Patienten ohne klinische Symptomatik weisen darauf hin, daß diese Methode frühe Stadien einer metabolisch-funktionellen Störung des Nervus suralis erfaßt (252). Es bestehen daher Parallelen zu den subklinischen Funktionsänderungen des Nervus suralis unter Medikamenteneinnahme (s. Kapitel 9) (124, 125), die jedoch bei Abbruch der Therapie reversibel sind, während beim Diabetes mellitus meistens eine lebenslange Noxe bestehen bleibt. Nach einem gewissen Zeitraum haben die metabolisch-funktionellen Störungen strukturelle Schäden zur Folge, die mit der Leitgeschwindigkeitsmessung deutlicher nachweisbar werden.

Eine Ursache der frühen metabolischen Störungen kann in der initialen Hypoxie bestehen (162), die den Ablauf der Repolarisation (23, 24) aus Mangel an ATPase-Aktivität (38) verändert und damit die Refraktärität verlängert. Sekundär entstehende freie Radikale sollen mit eine Ursache der metabolischen Störungen sein (163, 213).

Eine Verlängerung der Latenzzeitverlängerung nach Doppelreiz impliziert eine Zunahme der absoluten Refraktärzeit. Bei 79 der 168 Patienten wurde der zweite Stimulus des Doppelreizes nicht mit einem Aktionspotential beantwortet. Oft kann man durch eine Verlängerung des Stimulationsintervalls für den Doppelreiz auf fünf oder sechs msec wiederum ein Aktionspotential ableiten. Hieraus geht hervor, daß sich der durch die diabetische Polyneuropathie geschädigte Nerv auch noch nach 3 msec in der absoluten Refraktärzeit befindet (s. Kap. 3.2), die folglich bei diesen Patienten wesentlich länger als 3 msec dauert. Dieses Phänomen ist als sicher pathologisch zu werten, da es bei den Probanden (s. Kap. 5, 6) nicht beobachtet werden konnte.

In der Praxis ist die Objektivierung der pathologischen Verhältnisse des Nervus suralis durch die Latenzzeitverlängerung nach Doppelreiz bei der diabetischen Polyneuropathie der Suralisneurographie mit Nadeln und Berücksichtigung aller Parameter gleichwertig. Ein direkter Vergleich zwischen der Latenzzeitverlängerung nach Doppelreiz und der Ableitung des Nervus suralis mit Nadelelektroden wird im Kapitel 8.9 durchgeführt. Weiter bietet sich die Latenzzeitverlängerung nach Doppelreiz als Methode an, den Verlauf einer diabetischen Polyneuropathie zu verfolgen, um bereits frühzeitig therapeutische Konsequenzen zu ziehen.

Interessant wären Korrelationen zwischen der autonomen Polyneuropathie bei Diabetikern und der Latenzzeitverlängerung nach Doppelreiz (110).

Ein therapeutischer Ansatz könnte in einer hämorheologischen Therapie der Polyneuropathie bestehen, deren Erfolg durch die Latenzzeitverlängerung nach Doppelreiz objektivierbar sein müßte. Dieser Therapieversuch stellt wahrscheinlich eine risikoärmere Therapie dar als die Applikation von Gangliosiden (229).

8.1.4 Latenzzeitverlängerung nach Doppelreiz bei alkoholischer Polyneuropathie

Die Polyneuropathie gehört mit zu den häufigsten Komplikationen des chronischen Alkoholkonsums (134, 206, 210 211, 300).

Bei 28 Patienten im Alter von 53,2 ± 11,3 Jahren war die Polyneuropathie am wahrscheinlichsten auf einen chronischen Alkoholkonsum zurückzuführen. Es handelte sich um 18 Männer und zehn Frauen, die Erkrankung bestand nach Angaben der Patienten seit 9,6 ± 7,3 Jahren.

Die körperliche Untersuchung ergab an den unteren Extremitäten bei 18 Patienten Parästhesien, bei 14 Patienten Hypästhesien, bei 14 Patienten war die Vibrationsempfindung vermindert, bei drei Patienten ganz erloschen. Der Achillessehnenreflex war bei 19 Patienten vermindert und bei vier Patienten nicht mehr auslösbar. Von diesen vier wesentlichen klinischen Kriterien einer Polyneuropathie wiesen sechs Patienten nur ein klinisches Symptom auf, sechs Patienten zwei, fünf Patienten drei und elf Patienten vier.

Die Analyse der neurophysiologischen Meßwerte ergab, daß bei sieben Patienten nach Doppelreiz kein Nervenaktionspotential ableitbar war. Bei 13 Patienten war die Latenzzeitverlängerung nach Doppelreiz pathologisch.

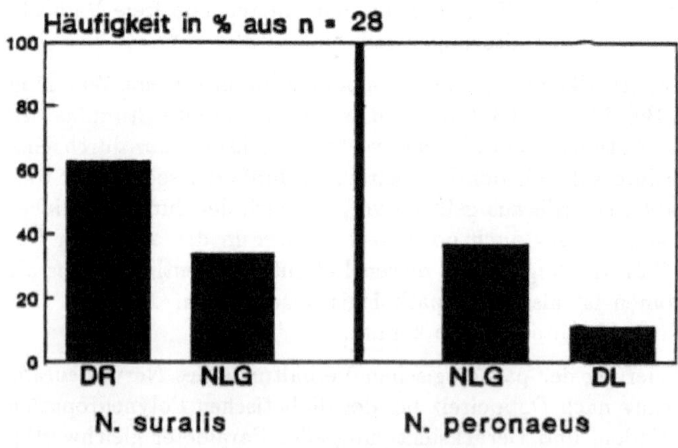

Abb. 46. Pathologische neurophysiologische Befunde bei Patienten mit alkoholischer Polyneuropathie (DR: Latenzzeitverlängerung nach Doppelreiz; NLG: Nervenleitgeschwindigkeit; DL: distale Latenz)

Die Leitgeschwindigkeit des Nervus suralis war bei 19 Patienten normal, bei drei Patienten verlängert, und bei sechs Patienten konnte kein Nervenaktionspotential abgeleitet werden. Die Leitgeschwindigkeit des Nervus peronaeus lag bei 18 Patienten im Normbereich, zehn Patienten wiesen eine Verlängerung auf. Die distale Latenz des Nervus peronaeus war nur bei vier Patienten pathologisch. Abbildung 46 stellt die Ergebnisse der neurophysiologischen Untersuchung zusammenfassend dar.

Bei diesem Patientenkollektiv war die Latenzzeitverlängerung nach Doppelreiz in den Gruppen mit geringerer klinischer Symptomatik häufig der einzige pathologische neurophysiologische Parameter.

Die Dauer der Erkrankung in Abhängigkeit von der klinischen Symptomatik ist unterschiedlich. Während die vier Patienten ohne klinische Symptomatik gemäß den bereits dargestellten vier Kriterien 15 ± 8 Jahre regelmäßig Alkohol tranken, beträgt die Dauer der Erkrankung für die Gruppe mit einem pathologischen klinischen Befund 7 ± 7 Jahre, für die Gruppe mit zwei pathologischen klinischen Befunden 15 ± 11 Jahre, für die Gruppe mit drei pathologischen klinischen Befunden 12 ± 9 Jahre und für die Gruppe mit vier pathologischen klinischen Befunden 10 ± 7 Jahre.

Insgesamt konnten unter Einbeziehung aller verwendeten neurophysiologischen Untersuchungen bei nahezu 72 % der Patienten Hinweise auf eine pathologische Funktion des Nervus suralis oder peronaeus festgestellt werden, wobei die Latenzzeitverlängerung nach Doppelreiz der häufigste pathologische neurophysiologische Parameter ist.

Die klinischen Befunde entsprechen dem distal-symmetrischen Verlaufstyp, der oft auftritt (154) und eine der häufigsten Formen einer Polyneuropathie überhaupt darstellt (142, 191, 206, 211, 294). Schwerere Formen mit bereits bestehenden Atrophien und Paresen wurden in diese Untersuchung nicht aufgenommen. In der Literatur finden sich keine Arbeiten, in denen die Latenzzeitverlängerung nach Doppelreiz mit festem Intervall bei alkoholischen Polyneuropathien angewandt wird. Tackmann et alii (280) berichten über Ergebnisse mit frequenten Impulsserien, wobei veränderte Membraneigenschaften als eine mögliche Ursache der veränderten Belastbarkeit angesehen werden. Histologisch zeigte sich aber auch eine Verminderung der Faserdichte. Neundörfer et alii nehmen eine primäre Schädigung zunächst des Achsenzylinders oder aber des Myelins an (206, 210, 211), was zu zwei pathogenetisch unterschiedlichen Formen der Alkoholpolyneuropathie führen soll. Die Doppelreiztechnik erfaßt aber wahrscheinlich unabhängig vom primären Schädigungsmuster die veränderte Funktion des Nervus suralis entweder auf funktionell-metabolischer oder aber auf struktureller Ebene.

Da Vitaminmangel und Ernährungsstörungen wesentliche Faktoren in der Genese der alkoholischen Polyneuropathie darstellen (191, 300), befinden sich in diesem Patientenkollektiv vermutlich nicht nur Patienten, bei denen die primär toxische Wirkung des Alkohols zur Schädigung führt, sondern auch solche, bei denen intermittierend andere Faktoren wie z. B. Vitaminmangel als Teilfaktor der Schädigung bestanden haben können, die zum Untersuchungszeitpunkt jedoch nicht mehr laborchemisch nachweisbar sind.

In den allermeisten Fällen ist ein chronischer Alkoholkonsum auch mit einem chronischen Zigarettenkonsum verbunden. Während 22 Patienten mit alkoholischer Polyneuropathie angaben zu rauchen, waren nur zwei Patienten nach eigenen Angaben Nichtraucher; bei den übrigen Patienten wurden diese Daten nicht erhoben. Rauchen ohne zusätzliche Erkrankung führt aber zu einer Funktionsänderung des Nervus suralis (124), die am ehesten vaskulär zu interpretieren ist. Der chronische Zigarettenkonsum stellt somit wahrscheinlich einen Kofaktor in der Genese der alkoholischen Polyneuropathie dar. Insbesondere die eher vaskulär verursachte Schädigung des Myelins ist mit hoher Wahrscheinlichkeit als Folge des chronischen Zigarettenkonsums zu bewerten.

8.1.5 Latenzzeitverlängerung nach Doppelreiz bei Tumoren

In diesem Kapitel sollen klinische und neurophysiologische Ergebnisse von Polyneuropathien bei Tumorleiden dargestellt werden. Nicht besprochen werden direkte Manifesta-
tionen von Tumoren durch Druck oder Infiltration in periphere Nervenstrukturen. Die
Patienten rekrutierten sich aus der eigenen Klinik oder aber aus Überweisungen an die
Poliklinik. Letztlich ist in Anbetracht der vielfältigen Manifestationsmöglichkeiten von
malignen Prozessen bei dieser Patientengruppe eine zusätzliche Schädigung, wie z. B.
eine initiale Druckwirkung auf Nervenstrukturen, nicht immer absolut sicher auszuschließen. Die untersuchten Patienten gehörten dem distal betonten, sensomotorischen Ver-
teilungsmuster an. Zu Vergleichszwecken wurde auch ein kleines Kollektiv von Patienten
untersucht, bei dem trotz positiver Anamnese, d. h. es lag ein Tumorleiden vor, nach den
vier bereits geschilderten klinischen Kriterien keine Polyneuropathie festgestellt wurde.

Untersucht wurden insgesamt 20 männliche und 15 weibliche Patienten im Alter von 55 ±
13 Jahren. Als Grunderkrankung lagen hauptsächlich Tumoren der Lunge, der Prostata,
des Uterus und der Mamma vor. Die verschiedenen Tumorleiden bestanden seit 3,3 ± 1,9
Jahren, eine Chemotherapie bestand nicht.

Die klinische Untersuchung ergab an den unteren Extremitäten bei 19 Patienten Parästhesien, bei 20 Patienten Hypästhesien, bei 18 Patienten war die Vibrationsempfindung vermindert, bei vier Patienten ganz erloschen. Der Achillessehnenreflex war bei 15 Patienten
vermindert auslösbar, bei acht Patienten nicht mehr vorhanden.

Von diesen vier wesentlichen klinischen Kriterien einer Polyneuropathie wiesen sechs Patienten nur ein klinisches Symptom auf, acht Patienten zwei, sieben Patienten drei und
neun Patienten vier. Fünf Patienten waren klinisch neurologisch unauffällig.

Die neurophysiologischen Untersuchungen ergaben, daß bei zehn Patienten durch den
Doppelreiz kein zweites Nervenaktionspotential ausgelöst werden konnte. Bei zwölf Pa-
tienten war die Latenzzeitverlängerung nach Doppelreiz pathologisch verlängert. Bei 13
Patienten fanden sich normale Werte für die Latenzzeitverlängerung nach Doppelreiz.

Die Leitgeschwindigkeit des Nervus suralis war bei 23 Patienten normal, bei sechs Patienten verlängert, und bei sechs Patienten konnte kein Nervenaktionspotential abgeleitet
werden. Die Leitgeschwindigkeit des Nervus peronaeus lag bei 22 Patienten im Normbereich, während bei 13 Patienten eine Verlängerung festzustellen war. Die distale Latenz
des Nervus peronaeus war nur bei vier Patienten pathologisch verlängert. Abbildung 47
stellt die Ergebnisse der neurophysiologischen Untersuchungen zusammenfassend dar.

Wesentlich ist die Frage, in welchem Ausmaß neurophysiologische Techniken klinische
Befunde objektivieren können. Abbildung 48 stellt daher die prozentualen Anteile pathologischer neurophysiologischer Parameter für die einzelnen Gruppen in Korrelation zur
zunehmenden klinischen Symptomatik dar.

Eine deutliche Abhängigkeit der klinischen Symptomatik von der Dauer der Erkrankung
ergibt sich nicht. Während die Patienten ohne klinische Symptomatik gemäß den bereits
dargestellten vier Kriterien 3,5 ± 1,7 Jahre erkrankt waren, beträgt die Dauer der Erkrankung für die Gruppe mit einem pathologischen klinischen Befund 2,4 ± 1,7 Jahre, für
die Gruppe mit zwei pathologischen klinischen Befunden 1,8 ± 1,8 Jahre, für die Gruppe
mit drei pathologischen klinischen Befunden 4,5 ± 2,5 Jahre und für die Gruppe mit vier
pathologischen klinischen Befunden 3,6 ± 1,4 Jahre.

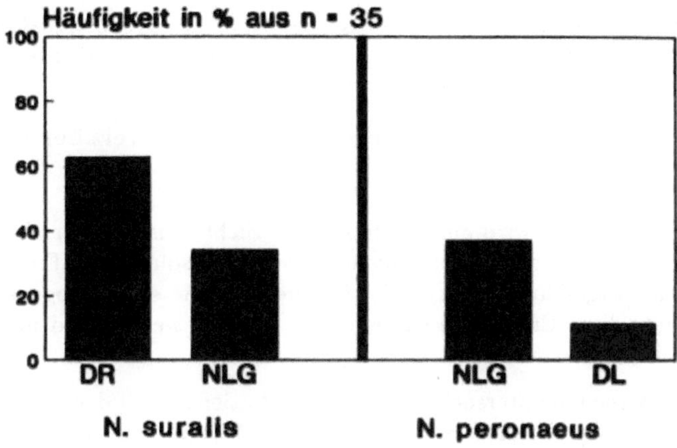

Abb. 47. Ergebnisse der neurophysiologischen Messungen bei Patienten mit Polyneuropathie bei Tumoren. (DR: Latenzzeitverlängerung nach Doppelreiz; NLG: Nervenleitgeschwindigkeit; DL: distale Latenz)

In der Literatur finden sich unterschiedliche Angaben zur Häufigkeit von Polyneuropathien bei Tumoren, wobei keine Publikation für die Latenzzeitverlängerung nach Doppelreiz gefunden werden konnten. Diese Methode weist jedoch in dieser Untersuchung bei 62 % der Patienten eine pathologische Funktion des Nervus suralis nach, während nur bei 34 % der Patienten die Leitgeschwindigkeit des Nervus suralis pathologisch war. In der Literatur wird die Häufigkeit von Polyneuropathien bei Tumoren zwischen 5 % (153, 158, 196) und 28 % angegeben (11, 40). Als Ursache dieser erheblichen Unterschiede ist jedoch festzustellen, daß die Zusammensetzung der Patientenkollektive verschieden ist. Außerdem wird die klinische und neurophysiologische Symptomatik vermutlich mit durch die Dauer der Erkrankung beeinflußt.

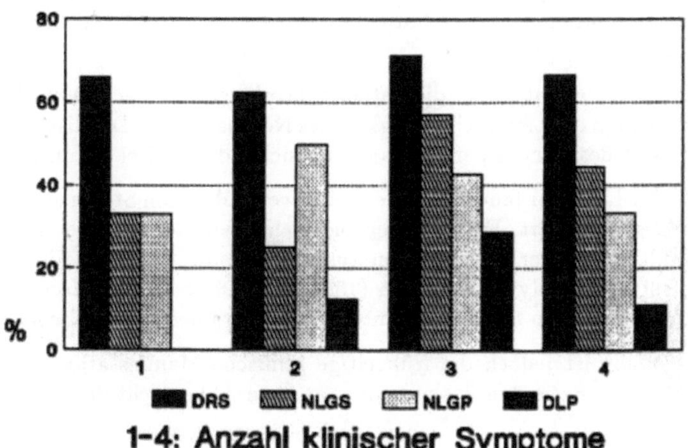

Abb. 48. Prozentuale Anteile pathologischer neurophysiologischer Parameter in Abhängigkeit von der Anzahl klinischer Symptome bei tumorbedingter Polyneuropathie. (DRS: Latenzzeitverlängerung nach Doppelreiz; NLGS: Leitgeschwindigkeit des Nervus suralis; NLGP: Leitgeschwindigkeit des Nervus peronaeus; DLP: distale Latenz des Nervus peronaeus)

Die Latenzzeitverlängerung nach Doppelreiz stellt daher insbesondere für den Formenkreis der Polyneuropathien bei Tumoren eine sehr sensible Untersuchungstechnik dar, die nachweist, daß das periphere Nervensystem in höherem Maße als häufig angenommen bei Tumoren durch polyneuropathische Veränderungen betroffen zu sein scheint.

Zusätzlich bietet die Latenzzeitverlängerung nach Doppelreiz eine sehr empfindliche Möglichkeit zur Verlaufskontrolle bei der Applikation von neurotoxischen Substanzen in der Tumortherapie, um bereits frühzeitig eine disproportionale Progredienz der peripheren Symptomatik festzustellen und therapeutische Konsequenzen zu ziehen (304).

8.1.6 Latenzzeitverlängerung nach Doppelreiz bei akuter myeloischer Leukämie

In letzter Zeit wird aus internistischer Sicht zwischen der akuten lymphatischen und der akuten myeloischen Leukämie unterschieden, solange die Entdifferenzierung noch nicht zu weit fortgeschritten ist (220). Da diese Studie ein homogenes Patientenkollektiv bildet, sollen diese Ergebnisse gesondert dargestellt werden und nicht unter dem Kapitel 8.1.6 subsummiert werden.

Als Screeninguntersuchung wurden 13 Patienten mit der von internistischer Seite stationär gesicherten Diagnose einer akuten myeloischen Leukämie klinisch und neurophysiologisch untersucht. Es handelte sich um fünf weibliche und acht männliche Patienten im Alter von 61 ± 19 Jahren, bei denen sich anamnestisch der vermutliche Erkrankungsbeginn 7 ± 5 Monate zurückverfolgen ließ. Wesentliche andere Erkrankungen, die ebenfalls zu einer Polyneuropathie hätten führen können, bestanden nicht.

In der klinisch-neurologischen Untersuchung gaben fünf Patienten Parästhesien an, bei sechs Patienten fanden sich distal betonte Hypästhesien. Die Achillessehnenreflexe waren bei drei Patienten nicht auslösbar und bei drei Patienten herabgesetzt. Das Vibrationsempfinden an den Innenknöcheln war bei einem Patienten gar nicht mehr vorhanden und bei sechs Patienten herabgesetzt. Vier Patienten wiesen keine klinischen Hinweise auf eine Polyneuropathie auf; es ergaben sich insgesamt keine Hinweise auf eine Infiltration oder Kompression peripherer Nervenstrukturen. Von den bereits beschriebenen vier wesentlichen Grundsymptomen für eine Polyneuropathie fand sich bei drei Patienten lediglich ein Symptom, bei zwei Patienten wurden zwei und bei vier Patienten vier Symptome festgestellt.

Bei fünf Patienten war die Latenzzeitverlängerung nach Doppelreiz pathologisch, bei drei Patienten die Leitgeschwindigkeit des Nervus suralis. Die distale Latenz und Leitgeschwindigkeit des Nervus peronaeus erwies sich lediglich bei einem Patienten als pathologisch.

In der Literatur fanden sich keine Hinweise über den Stellenwert der Doppelreiztechnik bei dieser Tumorart. Falls die neurologische Symptomatik bei dieser Tumorart nicht durch Infiltration oder Kompression zustandekommt, gleicht sie im allgemeinen den paraneoplastischen Polyneuropathien (159, 228). Diese distal betonte, symmetrische Manifestation konnte bei den untersuchten Patienten überwiegend beobachtet werden.

Auffällig ist jedoch die frühzeitige klinische Manifestation der Polyneuropathie bei ca. 39 % der Patienten, insbesondere auch in Anbetracht des kurzen Erkrankungszeitraums.

8.2 Kasuistische Untersuchungen zur Latenzzeitverlängerung nach Doppelreiz

8.2.1 Latenzzeitverlängerung nach Doppelreiz bei Plasmozytom

Eine Polyneuropathie aufgrund eines Plasmozytoms konnte bei zwei Patientinnen im Alter von 47 und 56 Jahren beobachtet werden, die noch nicht therapiert worden waren. Die

Diagnose der Grunderkrankung wurde von internistischer Seite gestellt. Die Beschwerden bestanden ein bzw. zwei Monate, klinisch ergaben sich außer Parästhesien und distalen Hypästhesien keine Auffälligkeiten. Während bei beiden Patientinnen die Latenzzeitverlängerung nach Doppelreiz pathologisch war, lagen die Werte für die Leitgeschwindigkeit des Nervus suralis und peronaeus im Normbereich. Lediglich bei der jüngeren Patientin war die distale Latenz des Nervus peronaeus leicht verlangsamt.

Die beiden beobachteten Fälle entsprechen den allgemeinen Erfahrungsgrundsätzen bei Polyneuropathien aufgrund eines Plasmozytoms (173). Die gering ausgeprägte klinische Symptomatik wird im wesentlichen durch die Latenzzeitverlängerung nach Doppelreiz objektiviert. Wie bereits in den vorangegangenen Kapiteln ausführlich dargelegt wurde, zeigt sich auch bei den Polyneuropathien aufgrund eines Plasmozytoms, daß gerade die Applikation von Doppelreizen und die Bestimmung der Latenzzeitverlängerung frühe Stadien einer Polyneuropathie erfaßt. Besonders interessant könnte die Latenzzeitverlängerung nach Doppelreiz sein, um z. B. eine Verbesserung unter einer Plasmapheresetherapie im Verlauf zu kontrollieren.

8.2.2 Latenzzeitverlängerung nach Doppelreiz bei Morbus Waldenström

Wie die Polyneuropathie beim Plasmozytom gehört auch die Polyneuropathie bei Morbus Waldenström insgesamt zu den selteneren Formen. Es konnten zwei Fälle bei männlichen Patienten im Alter von 55 und 56 Jahren beobachtet werden. Die Diagnose eines Morbus Waldenström wurde von internistischer Seite gestellt. Die klinische Symptomatik bestand bei dem einen Patienten seit drei Jahren, bei dem anderen seit vermutlich einem Jahr, wobei die Genese der Polyneuropathie bei letzterem Patienten bis zur stationären Abklärung unklar gewesen war. Bei beiden bestanden ausgeprägte distale Par- und Hypästhesien, das Vibrationsempfinden war bei beiden Patienten an den Innenknöcheln deutlich herabgesetzt. Die Achillessehnenreflexe konnten bei beiden Patienten nicht ausgelöst werden.

Die neurophysiologischen Untersuchungen ergaben bei beiden Patienten kein Aktionspotential für die Latenzzeitverlängerung nach Doppelreiz, die Leitgeschwindigkeit des Nervus suralis und peronaeus und die distale Latenz des Nervus peronaeus.

Die neurophysiologischen Befunde zusammen mit den klinischen Befunden weisen auf eine schwere Polyneuropathie hin. Die Involvierung des peripheren Nervensystems ist bei Morbus Waldenström eher selten und soll nach der Literatur nur in wenigen Fällen auftreten (160). Die Überlegungen zur Doppelreiztechnik bei der Polyneuropathie aufgrund eines Morbus Waldenström gleichen denen, die schon im Kapitel 8.2.1 (Polyneuropathie bei Plasmozytom) dargestellt wurden. Bei einer Polyneuropathie aufgrund eines Morbus Waldenström treten nach der Literatur früh Mißempfindungen auf, die mit Hilfe der Latenzzeitverlängerung nach Doppelreiz objektivierbar sein müßten, so daß diese Methode frühzeitig einen Therapieerfolg mit objektivieren können müßte.

8.2.3 Latenzzeitverlängerung nach Doppelreiz bei hereditärer Polyneuropathie

Hereditäre Polyneuropathien gehören mit zu den seltenen Formen dieser Erkrankung und verlangen immer sorgfältige differentialdiagnostische Überlegungen. In letzter Zeit hat sich die Klassifikation von Dyck (60, 291) weitgehend durchgesetzt, der auch den Ausdruck "hereditäre motorisch-sensible Polyneuropathien" geprägt hat. Verläßliche Angaben über das Auftreten der einzelnen Formen in Deutschland scheinen nicht zu existieren (173).

Es konnten drei Fälle einer hereditären motorisch-sensiblen Polyneuropathie des Typs I beobachtet werden. Die drei männlichen Patienten waren zwischen 17 und 20 Jahre alt, die frühesten Beschwerden hatten bereits im ersten Lebensjahrzehnt begonnen. Insbesondere im Sportunterricht zeigten sich Probleme. Bei allen drei Patienten bestand eine Atrophie der Unterschenkelmuskulatur, die Achillessehnenreflexe waren nicht oder nur stark abgeschwächt auslösbar. Die Vibrationsempfindung erwies sich als stark herabgesetzt, die Oberflächensensibilität nur vage vermindert.

Das Nervenaktionspotential nach Doppelreiz war bei zwei Patienten nicht ableitbar, bei einem mit 9,2 % deutlich verlängert. Die Leitgeschwindigkeit des Nervus suralis war bei einem Patienten nicht meßbar, bei dem zweiten ergab sich ein Wert von 31 m/sec, während die Leitgeschwindigkeit des dritten Patienten im Normbereich lag. Bei diesem Patienten war jedoch die Latenzzeitverlängerung nach Doppelreiz pathologisch. Die Leitgeschwindigkeit des Nervus peronaeus lag bei den Patienten zwischen 41 und 17 m/sec, die distale Latenz zwischen 5,1 und 13,0 msec.

In der Literatur finden sich keine Ergebnisse über die Latenzzeitverlängerung nach Doppelreiz bei hereditären Polyneuropathien. Wenn auch eine Suralisbiopsie zur Bestätigung der Diagnose wünschenswert gewesen wäre, so läßt der Krankheitsverlauf eine weitgehend sichere Eingruppierung zu. Die empfindliche Doppelreiztechnik könnte das Spektrum zur Untersuchung von Konduktoren erweitern, so daß möglicherweise in Zukunft eine Ausbreitung im Familienkreis durch diese neurophysiologischen Methode genauer zu erfassen ist.

8.2.4 Latenzzeitverlängerung nach Doppelreiz bei Dialysepatienten

Die nephrogene Polyneuropathie ist erst seit Einführung der Dialyse bekannter geworden, da früher die Patienten frühzeitig in der Urämie verstarben. Neben der Diagnostik einer begleitenden Polyneuropathie stellt die Messung der Nervenleitgeschwindigkeit einen Parameter der Dialysequalität dar (139). Da die Doppelreiztechnik ein sehr sensibles Instrument in der Diagnostik von Nervenfunktionsstörungen darstellt und toxisch-metabolische Ursachen der Polyneuropathie bei Dialysepatienten diskutiert werden, wurden drei Patienten vor und nach der Dialyse klinisch und neurophysiologisch untersucht.

Es handelte sich um zwei Männer im Alter von 25 und 29 Jahren sowie um eine 44jährige Frau. Die Patienten wurden seit mindestens zwei Jahren dialysiert und wiesen klinisch Anzeichen einer Polyneuropathie auf. Die neurophysiologischen Untersuchungen wurden 18 Stunden vor und zwei Stunden nach der Dialyse durchgeführt.

Die Latenzzeitverlängerung nach Doppelreiz verminderte sich nach der Dialyse von 2,8 % auf 1,0 %, von 10,3 % auf 5,6 % und von 3,6 % auf 3,2 %. Die Leitgeschwindigkeit des Nervus suralis stieg von 52,4 m/sec auf 55,2 m/sec und von 44,6 m/sec auf 49,2 m/sec, während sie bei einem Patienten von 55,5 m/sec auf 53,2 m/sec abfiel. Die Leitgeschwindigkeit des Nervus peronaeus blieb in einem Fall gleich, stieg bei den beiden anderen Patienten von 42,6 m/sec auf 43,6 m/sec und von 43,9 auf 44,9 m/sec an. Die distale Latenz des Nervus peronaeus fiel von 4,2 msec auf 3,7 msec, von 3,9 msec auf 3,2 msec und von 3,4 auf 3,2 msec.

Die geringe Anzahl der Patienten erlaubt zwar keine statistische Auswertung, es zeigt sich aber deutlich, daß durch die Dialyse eine Verbesserung der Funktion des Nervus suralis und peronaeus eintritt. Besonders deutlich wird die Funktionsverbesserung durch die Latenzzeitverlängerung nach Doppelreiz dargestellt.

Die Veränderung der Nervenfunktion in einem so kurzen Abstand zur Dialyse weist darauf hin, daß es sich nicht primär um einen strukturellen Prozeß des Nervs als Ursache der Funktionsverbesserung handeln kann. Strukturelle Veränderungen weisen zwar eine deutliche Korrelation zur Dauer der Urämie auf, sind aber eher axonaler Natur (230, 272). Die Veränderung der Latenzzeitverlängerung nach Doppelreiz bedeutet nicht, daß es sich primär um einen Schaden des Myelins handelt (116, 125, 289). Als Ursache der Funktionsverbesserung durch die Dialyse wird die Elimination toxischer Substanzen, welche die Repolarisationsfähigkeit der Axonmembran beeinflußt, diskutiert (273). Einen zusätzlichen Faktor können Elektrolytveränderungen darstellen (21). Da die Dialyse die adäquate Therapie der Nierenfunktionsstörung darstellt, kann die Bestimmung der Latenzzeitverlängerung nach Doppelreiz eine sensitivere Funktionszustandsuntersuchung darstellen als lediglich die Bestimmung einer konventionellen Leitgeschwindigkeit (230). Es ist zu erwarten, daß mit dieser Methode eine weitergehende Beurteilung der Dialysequalität als durch konventionelle neurophysiologische Parameter möglich ist (230, 272, 301).

8.2.5 Latenzzeitverlängerung nach Doppelreiz bei idiopathischer Polyradikuloneuritis

Mit dieser Diagnose wurden zwei männliche Patienten im Alter von 54 Jahren untersucht, bei denen die Erkrankung in chronischer Form seit sechs und drei Jahren bestand. Beide wiesen entsprechende Liquorveränderungen auf und wurden mit Cortison behandelt. Der länger erkrankte Patient zeigte eine ausgeprägte Hypästhesie, Vibrationsverlust und Reflexverlust aller Extremitäten sowie Muskelatrophien. Bei dem anderen Patienten bestanden vorwiegend motorische Störungen. Bei dem ersten Patienten war ein Aktionspotential des Nervus suralis nicht abzuleiten. Die Leitgeschwindigkeit des Nervus peronaeus betrug 39 m/sec, die distale Latenz 7,4 msec. Für den anderen Patienten ergab sich für den Nervus suralis eine Latenzzeitverlängerung nach Doppelreiz von 7,1 % und eine Leitgeschwindigkeit von 53,2 m/sec. Die Leitgeschwindigkeit des Nervus peronaeus betrug 39 m/sec, die distale Latenz 5,2 msec. Die normale Latenzzeitverlängerung nach Doppelreiz bei dem zweiten Patienten deutet darauf hin, daß keine neurophysiologisch nachweisbare Beteiligung des Nervus suralis stattgefunden hat. Als wesentliche Ursache dieser Form einer Polyneuropathie wird ein zellvermittelter Immunprozeß angesehen (84, 85, 172, 190, 223, 293). Die Meßergebnisse dieser beiden Kasuistiken entsprechen den allgemeinen Erfahrungen (170, 171, 173, 178, 216, 240). Ob der Cortisonapplikation eine besondere Bedeutung für die Latenzzeitverlängerung nach Doppelreiz zukommt, kann wegen des kleinen Klientels hier momentan nicht beantwortet werden (265).

8.2.6 Latenzzeitverlängerung nach Doppelreiz bei Japan-B-Enzephalitis

Durch Arthropoden übertragene Arboviren können alle Teile des Nervensystems befallen, selten tritt neben den zentral-nervösen Veränderungen eine Polyneuropathie auf. Exemplarisch für diese Gruppe ist der Fall einer schweren Polyneuropathie bei einer Japan-B-Infektion, die sich der Patient während seines beruflich bedingten Aufenthalts in Asien zuzog. Neben der zentral-nervösen Symptomatik mit hirnorganischem Psychosyndrom, Nystagmus, Stauungspapille und Meningismus zeigten sich im CT Defekte des Hirnstamms und des Mittelhirns. Die Muskeleigenreflexe waren im weiteren Verlauf nicht auslösbar, es bildeten sich schwerste Muskelatrophien aus. Die Sensibilität war wegen des Bewußtseinszustandes des Patienten nicht überprüfbar. Ein Nervenaktionspotential war weder am Nervus medianus, noch ulnaris, suralis, peronaeus oder tibialis abzuleiten. Ohne Besserungstendenz verstarb der Patient nach einem Jahr.

Die klinischen und neurophysiologischen Befunde müssen als schwerste Polyneuropathie mit symmmetrischen Ausfällen gewertet werden. Bei dieser Form der Arbovirusinfektion tritt die Polyneuropathie meistens akut (54, 140), gelegentlich jedoch auch langsam progredient auf. Es ist bislang unklar, ob die Polyneuropathie bei einer Arbovirusinfektion durch einen unmittelbaren Befall des Nerv selbst durch das Virus auftritt, wie es z. B. bei der HIV-Infektion nachgewiesen wurde (107) und wofür der ausgeprägte Neurotropismus spräche (65, 66, 107) oder ob ein indirekter Schädigungsmechanismus vorliegt.

8.2.7 Latenzzeitverlängerung nach Doppelreiz bei Lues

Eine Polyneuropathie bei einer Lues ist insgesamt sehr selten. Es konnten zwei Fälle bei männlichen Patienten im Alter von 60 und 73 Jahren beobachtet werden. Behandlungen waren nur unzureichend erfolgt. Umfangreiche stationäre Abklärungen ergaben keinen Hinweis auf eine andere Genese der Polyneuropathie. Neben einer zentral-nervösen Symptomatik und entsprechenden Liquorveränderungen wiesen die Patienten einen Vibrationsverlust der unteren Extremitäten, distale Hyp- und Dysästhesien sowie nicht auslösbare Achillessehnenreflexe und motorische Störungen der unteren Extremitäten auf. Ein Nervenaktionspotential des Nervus suralis war in beiden Fällen nicht ableitbar, daher auch kein Antwortpotential auf den Doppelreiz evozierbar. Bei einem Patienten war kein Aktionspotential des Nervus peronaeus auslösbar, während bei dem älteren Patienten eine Verlängerung der distalen Latenz auf 5,8 msec und eine Leitgeschwindigkeit von 38,2 m/sec festgestellt wurde.

Diese beiden Fälle sind dem Typ einer distalen, symmmetrischen Polyneuropathie zuzuordnen, wie er in der Literatur gelegentlich beschrieben wird (179, 212). Die klinischen Befunde (212) sind konform mit denen anderer Autoren, während die peripheren Veränderungen auf eine weitreichende Schädigung des peripheren Nervensystems hinweisen, die wegen der zentral-nervösen Symptomatik nicht in den Vordergrund tritt. Die Genese der Polyneuropathie bei Lues ist in der Literatur bis heute nicht eindeutig geklärt. Die Kombination von bakteriellen oder viralen Infekten mit einer Polyneuropathie kann jedoch häufiger beobachtet werden (s. Kap.8.1.2, 8.1.3 und 223, 240)

8.2.8 Latenzzeitverlängerung nach Doppelreiz bei Goldapplikation

Die Polyneuropathie bei der therapeutischen Goldapplikation gehört zu den Ausnahmen (55, 64). Eine 65jährige Patientin wurde wegen einer primär chronischen Polyarthritis in vierzehntägigem Abstand mit einem Goldpräparat intramuskulär über sechs Jahre behandelt. Plötzlich traten Kribbelparästhesien in den Händen und Füßen auf. Die klinische Untersuchung ergab nicht auslösbare Achillessehnenreflexe, eine Vibrationsminderung der unteren Extremitäten und eine Hypästhesie der Füße. Die Latenzzeitverlängerung nach

Doppelreiz war pathologisch, die Leitgeschwindigkeit des Nervus suralis und peronaeus und die distale Latenz des Nervus peronaeus lagen im Normbereich.

Eine andere 55jährige Patientin, wurde nach einmaliger intravenöser Applikation eines Goldpräparates ebenfalls wegen einer primär chronischen Polyarthritis unter der klinischen Verdachtsdiagnose eines Guillain-Barré-Syndroms eingeliefert, das sich zwei Tage nach der Applikation entwickelt hatte. Es zeigten sich distal betonte Paresen, Hyp- und Dysästhesien und nicht auslösbare Achillessehnenreflexe. Die Latenzzeitverlängerung nach Doppelreiz, die Leitgeschwindigkeit des Nervus suralis und peronaeus und die distale Latenz des Nervus peronaeus waren pathologisch. Innerhalb eines kurzen Zeitraums nach Absetzen der Medikation kam es zu einer erheblichen Besserung der Beschwerdesymptomatik.

Fälle über Polyneuropathien nach Goldtherapie sind in der Literatur öfter erwähnt worden (55, 64). Problematisch erscheint jedoch die Tatsache, daß Gold als Medikament angewandt wird, wenn Erkrankungen vorliegen, die auch selbst mit zu einer Polyneuropathie führen können wie in diesen Kasuistiken die primär chronische Polyarthritis. Die Pathogenese der Polyneuropathie nach Goldapplikation ist bis heute nicht klar beantwortet, insgesamt gesehen dürfte es sich aber um eine seltene Folge handeln (55, 64, 173).

8.2.9 Latenzzeitverlängerung nach Doppelreiz bei INH-Medikation

Eine 65 Jahre alte Patientin wurde wegen einer Tuberkulose über drei Monate mit Isoniazid und Ethambutol behandelt. Kurz darauf traten Parästhesien der unteren Extremitäten auf, während der Reflexstatus und die Vibrationsempfindung normal waren. Hypästhesien ergaben sich nicht. Die Latenzzeitverlängerung nach Doppelreiz lag im Normbereich, ebenso die anderen neurophysiologischen Parameter. Eine andere neurologische Ursache für die Parästhesien ergab sich nicht. Nach Absetzen der Medikation trat eine Besserung der Symptomatik ein.

In der Literatur finden sich öfter Berichte über eine Polyneuropathie unter Isoniazid, die aber in den beiden letzten Jahrzehnten wesentlich weniger geworden zu sein scheinen (27). Inwieweit auch eine gewisse Vorschädigung des peripheren Nervensystems durch die Tuberkulose selbst erfolgt, wie es auch bei anderen bakteriellen Erkrankungen bekannt ist (240), muß offen bleiben.

8.2.10 Latenzzeitverlängerung nach Doppelreiz bei Schilddrüsenerkrankungen

Die Polyneuropathie bei Erkrankungen der Schilddrüse gehört eher zu den selteneren Formen. Im Rahmen dieser Untersuchung konnte lediglich eine Patientin beobachtet werden, bei der die Polyneuropathie im Rahmen einer Ausschlußdiagnostik auf eine Unterfunktion der Schilddrüse zurückgeführt werden mußte. Es handelte sich um eine 55jährige Patientin, die seit vier Jahren an einer Hypothyreose litt. Es zeigten sich Parästhesien und Hypästhesien der Hände und Füße, die Achillessehnenreflexe waren nicht auslösbar und die Vibrationsempfindung an den Malleolen war herabgesetzt. Die neurophysiologischen Untersuchungen ergaben ein nicht ableitbares Nervenaktionspotential nach Doppelreiz und Einzelreiz, die Leitgeschwindigkeit des Nervus peronaeus war bei normaler distaler Latenz verlängert.

In der Literatur findet sich lediglich eine Untersuchung, bei der auch die Doppelreiztechnik bei dieser Polyneuropathieform angewandt wird (251). Unter der Substitution konnte eine Erholung der Nervenfunktion nach ca. einem Jahr beobachtet werden. Die häufige Betonung der physiologischen Engstellen des Nerven im Rahmen der Polyneuropathie bei einer Hypothyreose (201) läßt die Latenzzeitverlängerung nach Doppelreiz besonders geeignet erscheinen, um frühzeitiger eine generelle Affektion des peripheren Nervensystems nachzuweisen. Histologische Untersuchungen zeigen in erster Linie eine neuroaxonale Degeneration mit unvollständiger Regeneration (189). Da Schilddrüsenfunktionsstörungen langfristig therapiert werden, kann die Doppelreiztechnik hier einen wesentlichen Beitrag zur Verlaufskontrolle leisten.

8.2.11 Latenzzeitverlängerung nach Doppelreiz bei Vitamin B 12-Mangel

Eine Polyneuropathie infolge eines Vitamin B12-Mangels gehört mit zu den selteneren Ursachen. Insgesamt konnten vier Männer im Alter von 52 bis 67 Jahren beobachtet werden, bei denen die Polyneuropathie hierauf zurückzuführen war. Alle Patienten wiesen Dys- und Hypästhesien der unteren Extremitäten auf, bei einem waren die Achillessehnenreflexe vermindert, bei zweien nicht auslösbar. Die Vibrationsempfindung an den Innenknöcheln war bei zwei Patienten deutlich herabgesetzt, bei einem nicht mehr vorhanden.

Zwei Patienten wiesen klinisch eine ausgeprägte Hinterstrangsymptomatik auf. Der Doppelreiz wurde bei drei Patienten mit keinem Nervenaktionspotential beantwortet, bei einem Patienten lag die Latenzzeitverlängerung im Normbereich. Die Leitgeschwindigkeit des Nervus suralis war bei zwei Patienten pathologisch und die Leitgeschwindigkeit des Nervus peronaeus bei drei Patienten. Die distale Latenz des Nervus peronaeus war bei drei Patienten pathologisch.

In der Literatur wird die Polyneuropathie bei Vitamin B12-Mangel als eines der häufigsten Symptome überhaupt beschrieben und soll bei 75 % der Erkrankten auftreten (99). Häufig geht die Erkrankung primär mit sensiblen Störungen einher, wobei sensible Nervenaktionspotentiale fehlen können (182).

Die geringe Zahl der beobachteten Fälle einer Polyneuropathie bei Vitamin B12-Mangel erlaubt keine Zuordnung, ob die Doppelreiztechnik Frühstadien der Erkrankung erfaßt. Bei entsprechender Substitution von Vitamin B12 müßte man mit Hilfe diese Methode jedoch in der Lage sein, bereits frühzeitig eine Funktionsverbesserung des peripheren Nervensystems nachzuweisen, um den Therapieerfolg zu dokumentieren.

8.2.12 Latenzzeitverlängerung nach Doppelreiz bei primär chronischer Polyarthritis

Die primär chronische Polyarthritis ist in bis zu 10 % der Fälle von einer Polyneuropathie begleitet (212). Neben entzündlichen Infiltraten sollen ischämische Mechanismen bei Vaskulitis im Vordergrund stehen (98, 212). Insgesamt konnten zwei Fälle beobachtet werden, bei denen die Polyneuropathie auf eine primär chronische Polyarthritis zurückzuführen war. Es handelte sich in beiden Fällen um weibliche Patienten. Das Alter betrug 35 und 53 Jahre, die Erkrankung war vor zwei bzw. einem Jahr diagnostiziert worden. Die klinische Untersuchung ergab bei beiden Patientinnen distal betonte Hyp- und Dysästhesien, in einem Fall war das Vibrationsempfinden an den unteren Extremitäten deutlich herabgesetzt, die Achillessehnenreflexe waren in beiden Fällen herabgesetzt auslösbar.

Die neurophysiologischen Untersuchungen ergaben in beiden Fällen eine Verlängerung der Latenzzeitverlängerung nach Doppelreiz und der Leitgeschwindigkeit des Nervus suralis. Die Leitgeschwindigkeit des Nervus peronaeus war in einem Fall pathologisch, die distale Latenz war in beiden Fällen im Normbereich.

Die geringe Patientenanzahl läßt keine weiteren Vergleiche mit Literaturdaten zu. Es bestätigt sich jedoch die allgemeine Erfahrung, daß Frauen wesentlich öfter betroffen zu sein scheinen als Männer (98). Die beiden Fälle sind der bei dieser Grunderkrankung häufig zu beobachtenden Form einer sensomotorischen Polyneuropathie zuzuordnen (218). In welchem Ausmaß z. B. eine medikamentöse Therapie mit Cortison und auch mit Azathioprin zu einer zusätzlichen Veränderung der neurophysiologischen Parameter führen kann, muß offen bleiben. Entsprechende Publikationen fanden sich nicht.

Ätiologie der Polyneuropathie	Anzahl	Doppelreiz pathologisch	Leitgeschwindigkeit Nervus suralis pathologisch
	n	%	%
Plasmocytom	2	100	0
Morbus Waldenström	2	100	100
hereditär	3	100	67
Dialyse	2	50	0
Guillain-Barré	2	50	50
Japan-B-Enzephalitis	1	100	100
Lues	2	100	100
Gold	2	100	50
Isoniazid	1	0	0
Hypothyreose	1	100	100
PCP	2	100	100
B12-Mangel	4	75	50

Tabelle 13: Ergebnisse der kasuistischen Untersuchungen zur Latenzzeitverlängerung nach Doppelreiz bei Polyneuropathien. (Prozentbruchteile abgerundet)

Ätiologie der Polyneuropathie	Anzahl n	Latenzzeit- verlängerung pathologisch %	Leitgeschwindigkeit Nervus suralis pathologisch %
HIV	41	32	17
Kollagenose	27	66	33
Diabetes	168	74	58
Alkohol	28	61	32
Tumoren	35	69	34
Akute myeloische Leukämie	13	38	23

Tabelle 14: Ergebnisse der Studien zur Latenzzeitverlängerung nach Doppelreiz bei Polyneuropathien. (Prozentbruchteile abgerundet)

8.3 Latenzzeitverlängerung nach Doppelreiz bei Polyneuropathie und Rauchen

Nebenwirkungen des Zigarettenrauchens manifestieren sich in allen Organsystemen. Bekannt ist eine Vielzahl von Effekten, wie z. B. die Erhöhung des Grundumsatzes und eine Hyperglykämie als Folge der Dauerstimulation des sympathoadrenergen Systems, die Neigung zu Koronarerkrankungen, chronische Bronchitis, Neoplasien, Arteriosklerose und Schäden am Neugeborenen (7, 20).

Rauchen von Tabak gilt heute nach allgemeiner Einschätzung als einer der gravierensten lebensverkürzenden Umweltfaktoren (7, 68, 69).

Neben Rauchen von Tabak stellt der Diabetes mellitus einen weiteren Hauptrisikofaktor für Angiopathien der Extremitätenarterien dar. Das Durchschnittsalter bei Beginn einer arteriellen Verschlußkrankheit der Gliedmaßen liegt für Patienten, die neben dem Diabetes mellitus zusätzlich rauchen, ca. zehn Jahre niedriger als bei Nichtrauchern (105).

Bereits bei "gesunden Rauchern" weist die Latenzzeitverlängerung nach Doppelreiz statistisch hoch signifikante Unterschiede der Funktion des Nervus suralis im Vergleich zu Nichtrauchern und Exrauchern nach (s. Kap. 9.1).

In letzter Zeit gewinnen vaskuläre Faktoren in der Pathogenese der diabetischen Polyneuropathie zunehmend an Bedeutung (38, 63, 132, 162, 163, 290). Es erscheint daher sinnvoll, zu untersuchen, ob Unterschiede in der Funktion des Nervus suralis zwischen rauchenden und nichtrauchenden Patienten mit diabetischer Polyneuropathie bestehen. Das Kollektiv mit Polyneuropathie bei Diabetes mellitus bietet sich auch daher an, weil es zahlenmäßig das umfangreichste überhaupt darstellt.

Patienten mit diabetischer Polyneuropathie wurden nach ihrem Rauchverhalten befragt und in drei Klassen - a) Raucher; b) Exraucher; c) Nichtraucher - aufgeteilt. Die Angaben über den Zigarettenkonsum wurden von den Patienten selbst gemacht, Pfeifen- und Zigarrenraucher wurden nicht aufgenommen.

Das Raucherkollektiv bestand aus 41 Patienten im Alter von 46 $\pm$ 15 Jahren (R = 19 - 76), die seit 14,3 $\pm$ 10,2 Jahren (R = 2 - 37) an Diabetes erkrankt waren. Die Patienten rauchten seit 25 $\pm$ 13 Jahren (R = 4 - 51) im Mittel 18 $\pm$ 11 Zigaretten (R = 5 - 40) pro Tag.

Die Gruppe der Exraucher bestand aus 47 Patienten im Alter von 54 $\pm$ 15 Jahren (R = 23 - 82), die seit 11,4 $\pm$ 7,2 (R = 2 - 18) an Diabetes litten und während 18 $\pm$ 9 Jahren (R = 1 - 40) im Mittel 19 $\pm$ 10 Zigaretten pro Tag (R = 1 - 40) geraucht hatten.

Das Nichtraucherkollektiv umfaßte 75 Probanden im Alter von 56 $\pm$ 16 Jahren (R = 15-84), die seit 9,4 $\pm$ 6,1 Jahren (R = 2 - 18) an Diabetes litten.

Analysiert wurden die Anteile pathologischer neurophysiologischer Parameter in den einzelnen Gruppen. Tabelle 15 stellt die Ergebnisse im Überblick dar.

Eine wesentliche Grundvoraussetzung zum Verständnis dieses Kapitels der Arbeit bilden die Ergebnisse der Latenzzeitverlängerung nach Doppelreiz bei "gesunden Rauchern", die im Kapitel 9 dargestellt werden. Vergleicht man die prozentualen Ergebnisse der Tabelle 15, so zeigt sich die Tendenz, daß in der Gruppe der Nichtraucher in vermehrtem Maße normwertige neurophysiologische Meßergebnisse vorhanden sind. Die Ursache dieser Unterschiede könnte auf der Basis eines Gefäßprozesses eine zusätzliche Schädigung im Kapillarbereich durch chronisches Zigarettenrauchen sein.

Parameter	Raucher n = 41	Exraucher n = 47	Nichtraucher n = 75
Latenzzeitverlängerung nach Doppelreiz	84 %	62 %	66 %
Leitgeschwindigkeit Nervus suralis	59 %	53 %	49 %
Leitgeschwindigkeit Nervus peronaeus	46 %	41 %	13 %
Distale Latenz Nervus peronaeus	37 %	17 %	12 %

Tabelle 15: Anteile pathologischer neurophysiologischer Parameter bei Patienten mit diabetischer Polyneuropathie und dem Kofaktor chronisches Zigarettenrauchen. Angegeben sind die pathologischen Resultate in % in Relation zum Gesamtkollektiv

So dominiert als isolierter Risikofaktor für eine arterielle Verschlußkrankheit der Faktor Rauchen (242), der auch zur früheren Inzidenz der arteriellen Verschlußkrankheit führt

(105). Ein weiteres Indiz könnte darin bestehen, daß Raucher pathologische hämorheologische Parameter aufweisen, die sich nach Einstellen des Rauchens wieder normalisieren, jedoch nicht wieder die Werte von Nichtrauchern erreichen (68, 69).

Wenn auch keine statistische Signifikanz erreicht werden kann, so sollte die deutliche Tendenz, daß Rauchen einen Kofaktor der diabetischen Polyneuropathie darstellten könnte (Tab. 15), Anlaß genug sein, Patienten mit diabetischer Polyneuropathie zu ermutigen, das Zigarettenrauchen aufzugeben.

8.4 Vergleich der Latenzzeitverlängerung nach Doppelreiz und der Leitgeschwindigkeit des Nervus suralis mit Nadel- und Oberflächenelektroden bei Polyneuropathien

In der Literatur sind die Meinungen unterschiedlich, ob die Aktionspotentiale des Nervus suralis zuerst mit Oberflächen- oder sofort mit Nadelelektroden abgeleitet werden sollen (136, 207, 209). Die erste Methode wird im allgemeinen von den Patienten wesentlich leichter toleriert, weist aber bei schwerer geschädigten Nerven Grenzen auf.

Um den Stellenwert beider Methoden im direkten Vergleich näher zu erfassen, wurden 103 Patienten mit Polyneuropathien sowohl mit Oberflächen- als auch mit Nadelelektroden untersucht. Die Technik und Methode entsprachen den Ausführungen der Kapitel 4 - 6. Grundsätzlich wurde zunächst mit Oberflächenelektroden und erst danach mit Nadelelektroden abgeleitet, um durch Ödem- und Hämatombildung keinen zusätzlichen Isolationsfaktor zu verursachen.

Die untersuchte Patientengruppe stellt eine Teilmenge des Kollektives dar, über das schon in den Kapiteln 8.1 - 8.9 berichtet wurde. Diagnostisch lag der Polyneuropathie bei 58 Patienten ein Diabetes mellitus zugrunde, bei 16 Patienten ein Alkoholabusus, bei elf Patienten eine Kollagenose und bei sechs Patienten ein Tumorleiden. Die restlichen 12 Patienten verteilten sich auf seltenere Ursachen wie z. B. ein Vitamin B12-Mangel oder Schilddrüsenerkrankungen.

Es handelte sich um 41 Männer und 62 Frauen im Alter von 53 $\pm$ 16 Jahren, bei denen die ursächliche Erkrankung anamnestisch seit 10,6 $\pm$ 9,4 Jahren bestand.

Die Tabelle 16 stellt als Übersicht die Ergebnisse der Ableitung mit Oberflächenelektroden und Nadelelektroden im Vergleich dar.

Neben diesen absoluten Werten ist die Frage wesentlich, ob es Unterschiede zwischen den Kollektiven gibt, bei denen das Aktionspotential des Nervus suralis noch mit Oberflächenelektroden ableitbar ist im Vergleich zu den Patienten, bei denen kein Aktionspotential des Nervus suralis mit Oberflächenelektroden abgeleitet werden kann. Tabelle 17 ermöglicht einen Überblick zu dieser Fragestellung. Bei neun Patienten war weder mit Oberflächennoch mit Nadelelektroden ein Potential abzuleiten; diese Patienten werden nicht in der Tabelle 17 aufgeführt.

Der individuelle Vergleich der Meßwerte ergab, daß lediglich bei drei Patienten die Leitgeschwindigkeit des Nervus suralis bei Verwendung von Nadelelektroden normal war, obwohl kein Potential mit Oberflächenelektroden abgeleitet werden konnte. In allen diesen Fällen war die Latenzzeitverlängerung nach Doppelreiz eindeutig pathologisch und die Amplitude des Nervenaktionspotentials mit 1,2, 1,4 und 1,2 μV vermindert. In den vier Fällen, bei denen das Nervenaktionspotential mit Oberflächenelektroden ableitbar war, jedoch kein Nervenaktionspotential nach Doppelreiz evoziert werden konnte, war die Leitgeschwindigkeit mit Nadelelektroden und die Latenzzeitverlängerung nach Doppelreiz immer pathologisch.

Parameter	Oberflächenelektroden	Nadelelektroden
Kein Potential ableitbar (n)	43	13
Doppelreiz nicht ableitbar (n)	52	43
Latenzzeitverlängerung nach Doppelreiz (%)	6,6 ± 4,1 (R = 1,2 - 19,6)	6,9 ± 4,7 (R = 1,8 - 21,9)
Leitgeschwindigkeit Nervus suralis (m/sec)	48,3 ± 6,7 (R = 37,2 - 61,0)	44,1 ± 5,9 (R = 34,8 - 64,2)
Amplitude Nervus suralis (μV)	3,3 ± 2,5 (R = 0,6 - 10,4)	6.4 ± 6.1 (R = 0,6 - 22,8)

Tabelle 16: Gegenüberstellung der Ergebnisse der Ableitung des Nervus suralis mit Oberflächenelektroden und Nadelelektroden. Angegeben ist der Mittelwert und eine einfache Standardabweichung, zusätzlich die Spanne der neurophysiologischen Parameter (n=103)

Beim Vergleich der Latenzzeitverlängerung nach Doppelreiz bei Ableitung mit Oberflächen- versus Nadelelektroden ergaben sich in fünf Fällen Widersprüche. Zweimal war das Nervenaktionspotential nach Doppelreiz mit Oberflächenelektroden nicht ableitbar, während sich mit Nadelelektroden ein normaler Wert ergab. In zwei Fällen war die Latenzzeitverlängerung nach Doppelreiz mit Oberflächenelektroden noch normal, während sich für die Ableitung mit Nadelelektroden ein pathologischer Wert ergab. Lediglich einmal war die Latenzzeitverlängerung nach Doppelreiz mit Oberflächenelektroden pathologisch, während für die Ableitung mit Nadelelektroden noch ein normaler Wert festgestellt wurde.

In drei Fällen war die Leitgeschwindigkeit des Nervus suralis mit Oberflächenelektroden grenzwertig verlängert, während die Leitgeschwindigkeit mit Nadelelektroden noch im Normbereich lag. In allen diesen Fällen war die Latenzzeitverlängerung nach Doppelreiz mit Oberflächenelektroden aber eindeutig pathologisch. Die Amplitude des Aktionspotentials bei Nadelableitung war in diesen Fällen pathologisch, wie auch die Latenzzeitverlängerung nach Doppelreiz.

In 13 Fällen war die Latenzzeitverlängerung nach Doppelreiz pathologisch, während die zur Beurteilung der Nadelableitung gebräuchliche Parameterkombination aus Leitgeschwindigkeit und Amplitude noch im Normbereich lag. Die umgekehrte Konstellation ergab sich dagegen nur zweimal.

Parameter	Oberflächenelektroden Nervenaktions- potential (n=51)	Oberflächenelektroden kein Nervenaktions- potential (n=43)
Alter (Jahre)	49,7 ± 14,2 (R = 26 - 77)	56,3 ± 14,5 (R = 24 - 78)
Erkrankungsdauer (Jahre)	7,1 ± 6,2 (R = 0,5 - 35)	13,2 ± 9,4 (R = 1 - 38)
Latenzzeitverlängerung nicht bestimmbar (n)	3	13
Latenzzeitverlängerung nach Doppelreiz (%)	6,7 ± 4,8 (R = 1,2 - 21,6)	8,1 ± 4,4 (R = 2,6 - 14,0)
Leitgeschwindigkeit N. suralis (m/sec)	47,2 ± 4,5 (R = 36,2 - 61,4)	39,9 ± 5,6 (R = 34,6 - 61,2)
Amplitude Nervus suralis (μV)	9,4 ± 6,3 (R = 0,6 - 10,4)	2,3 ± 2,1 (R = 0,6 - 27,2)

Tabelle 17: Vergleich der Ableitung des Nervus suralis mit Nadelelektroden bei Patienten mit und ohne Aktionspotential bei Benutzung von Oberflächenelektroden

Die Bestimmung der Latenzzeitverlängerung nach Doppelreiz erweist sich sowohl für die Ableitung mit Oberflächen- als auch für diejenige mit Nadelelektroden als eine valide Technik. Die Werte der Latenzzeitverlängerung nach Doppelreiz unterscheiden sich für beide Kollektive nicht signifikant, wenn auch für die Ableitung mit Nadeln eine Tendenz zur Erhöhung der Latenzzeitverlängerung nach Doppelreiz vorliegt. Der wesentliche Grund ist hier die Tatsache, daß der Teil des Kollektivs, bei dem mit Nadelelektroden abgeleitet wurde, die Patienten umfaßt, bei denen kein Potential nach Doppelreiz und Ableitung mit Oberflächenelektroden mehr ableitbar war (s. Tab. 17), so daß bei diesem Kollektiv der Nervus suralis bereits weitergehend pathologisch verändert ist. (s. Tab. 16, 17). Deutlich sind dagegen die Unterschiede der Leitgeschwindigkeit des Nervus suralis, die bei der Ableitung mit Nadelelektroden im Mittel 4,3 m/sec langsamer sind als bei Ableitung mit Oberflächenelektroden. Dieser Effekt wurde bereits ausführlich diskutiert (s. Kap. 7.2.1) und findet eine Erklärung aufgrund der Elektrodeneigenschaften. Ähnliche Beobachtungen für Nadel- versus Oberflächenelektroden finden sich auch bei anderen Autoren (207, 209).

Da die Messungen an den Patienten mit Polyneuropathie vor denen, die im Kapitels 7.2.1 dargestellt wurden, zur Bestimmung der Elektrodenunterschiede erfolgten, sind diese Differenzen um so höher zu bewerten, weil der Faktor einer unbewußt gesteuerten Auslese zu vernachlässigen ist. Die Unterschiede der Amplitudenhöhe sind technisch- methodisch bedingt und wurden in den Kapiteln 6.1 und 6.2 ausführlich diskutiert.

Bei den Probanden zur Normwerterstellung war bis auf eine Ausnahme immer die Latenzzeitverlängerung nach Doppelreiz und die Leitgeschwindigkeit des Nervus suralis mit

Oberflächenelektroden bestimmbar (s. Kap. 6). Daher muß das fehlende Nervenaktionspotential bei Verwendung von Oberflächenelektroden bei Patienten mit Polyneuropathien als pathologisch aufgefaßt werden, wenn andere Fehlermöglichkeiten ausgeschlossen wurden (s. Kap. 5, 6, 7).

Weiteren Aufschluß über die Unterschiede zwischen Patienten mit Nervenaktionspotential bei Ableitung mit Oberflächenelektroden und fehlendem Nervenaktionspotential bei Ableitung mit Oberflächenelektroden ermöglicht Tabelle 17, die die Ergebnisse der Ableitung mit Nadelelektroden aufführt. Die Erkrankungsdauer zeigt eine Differenz von ca. sieben Jahren, während das Alter bei Beginn der Erkrankung nur unwesentlich zu differieren scheint. Die Fälle mit fehlendem Aktionspotential nach Doppelreiz sind in der zweiten Gruppe häufiger vertreten, auch liegt die Latenzzeitverlängerung nach Doppelreiz über den Werten der kurzfristiger erkrankten Gruppe. Die Werte der Leitgeschwindigkeit und der Amplitudenhöhe unterscheiden sich signifikant zwischen den beiden Gruppen. Dieses Resultat ist primär als Ausdruck der progredienten strukturellen Veränderung des Nervus suralis zu interpretieren. Es ist jedoch auch zu berücksichtigen, daß der Stellenwert der Amplitude in der Polyneuropathiediagnostik in letzter Zeit zunehmend kritischer bewertet wird (s. Kap. 6). Die Amplitude stellt sich auch nicht als der wesentliche neurophysiologische Faktor in der Polyneuropathiediagnostik heraus (51), sondern ist mehr als die anderen Parameter von den technisch-methodischen Größen abhängig (173, 176). Die Anzahl nicht ableitbarer Nervenaktionspotentiale des Nervus suralis mit Oberflächenelektroden in dieser Untersuchung ist geringer als in der Literatur berichtet (51), was neben den Unterschieden in Bezug auf die Patientenkollektive auch durch das technisch-methodische Vorgehen bedingt sein dürfte (s. Kap. 6,7).

Die Dauer der Erkrankung scheint jedoch der wesentliche limitierende Faktor für die Möglichkeit zu sein, bei einer großen Patientengruppe mit z. B. diabetischer Polyneuropathie noch ein Nervenaktionspotential mit Oberflächenelektroden abzuleiten, während eine individuelle Korrelation zur Klinik und Dauer der Erkrankung nicht immer gefunden wird (283). Der Zeitfaktor ist auch tierexperimentell wesentlich, da sich bei einer Erkrankungsdauer bis zu einem Jahr kein sicherer struktureller Unterschied aus histologischer Sicht finden läßt (257).

Es muß daher angenommen werden, daß z. B. im Laufe eines Diabetes mellitus die strukturellen Veränderungen des Nervus suralis so weit fortschreiten, daß zu einem gewissen Zeitpunkt die vom Nerven generierten Potentialdifferenzen zu gering werden, um den Gewebewiderstand bis zur Hautoberfläche zu überwinden. In diesen Fällen ist dann kein Nervenaktionspotential mit Oberflächenelektroden mehr ableitbar, während mit Nadelelektroden die Potentialdifferenzen noch meßbar sein können. Ein Hinweis hierauf ist die unterschiedliche mittlere Amplitudenhöhe (s. Tab. 17).

Die Ableitung des Nervenaktionspotentials mit Oberflächenelektroden erweist sich bei Polyneuropathien als eine valide Methode, die bereits sichere Aussagen über den Funktionszustand des Nervus suralis ermöglicht. Die Kombination der Latenzzeitverlängerung nach Doppelreiz mit der Leitgeschwindigkeitsmessung des Nervus suralis weist im Vergleich mit der konventionellen Nadelableitung die pathologischen Verhältnisse bei geringerer Belastung für den Patienten genauso gut nach, wobei die Latenzzeitverlängerung nach Doppelreiz schwerpunktmäßig frühe Stadien metabolisch-funktioneller Veränderungen besser erfaßt.

9 Latenzzeitverlängerung nach Doppelreiz bei Rauchern und Gabe von Neuropsychopharmaka

Im Gegensatz zu den Ergebnissen des Kapitels 8, in dem die Ergebnisse der Latenzzeitverlängerung nach Doppelreiz bei Polyneuropathien dargestellt wurden, wird in diesem Kapitel über Funktionsveränderungen des Nervus suralis berichtet, die nur mit minimaler Beschwerdesymptomatik von Patientenseite verbunden sind und nicht die klinischen Kriterien einer Polyneuropathie erfüllen.

Zwar ist die Nervenleitgeschwindigkeit neurophysiologisch auch an die Refraktärität gekoppelt, trotzdem ist die Veränderung der Latenzzeitverlängerung nach Doppelreiz evidenter als die Verminderung der Leitgeschwindigkeit des Nervus suralis (s. Kap.7 und 8). So kann die Doppelreiztechnik und Berechnung der Latenzzeitverlängerung als eine neue diagnostische Möglichkeit zur Objektivierung und zum Verständnis minimaler klinischer Befunde und funktioneller Veränderungen beitragen.

Die konventionelle Suralisneurographie stellt bei den Patienten, die in Kapitels 9 beschrieben werden, Veränderungen der Leitgeschwindigkeit von 1 - 2 m/sec fest, denen im allgemeinen keine Aufmerksamkeit geschenkt wird.

Da die klinischen Untersuchungsbefunde bis auf eine gelegentliche Störung des sensiblen Systems unauffällig waren und die Ergebnisse der Leitgeschwindigkeitsmessung des Nervus peronaeus ohne ein richtungsweisendes Ergebnis blieben, soll hierauf nicht in allen Kapiteln extra eingegangen werden.

9.1 Latenzzeitverlängerung nach Doppelreiz bei Zigarettenrauchen

Durch die Entdeckung Amerikas gelangte die Tabakpflanze auch nach Europa. Hatten die Indianer das getrocknete Kraut ausschließlich zu kultischen Handlungen verwandt, so wurde es in Europa bald zu einem alltäglichen Genußmittel (7, 68, 69). In Form der Zigarette trat der Tabak nach dem ersten Weltkrieg seine Akzeptanz um die Welt an. Der Anteil der rauchenden Bevölkerung beträgt zur Zeit in der Bundesrepublik ca. 40 %, die Folgekosten werden auf etwa 30 Milliarden Mark jährlich geschätzt (7).

Unterschiede der Latenzzeitverlängerung nach Doppelreiz zwischen Rauchern und Nichtrauchern, die während der Standardisierung dieser Methode beobachtet wurden, waren Anlaß, der Problematik einer Dysfunktion des Nervus suralis bei Rauchern gezielt nachzugehen.

Die neurophysiologischen Messungen wurden nach den bereits in den Kapiteln 4 - 7 aufgestellten Grundsätzen und Methoden durchgeführt. Untersucht wurden 34 Raucher im Alter von 34 ± 12 Jahren (R = 18 - 64) (zwölf Frauen, 22 Männer), 19 Exraucher im Alter von 39 ± 13 Jahren (R = 44 - 61) (sechs Frauen, 13 Männer) und 34 Nichtraucher im Alter von 38 ± 14 Jahren (R = 20 - 64) (vierzehn Frauen, 20 Männer).

Das Raucherkollektiv rauchte im Mittel seit 13,8 ± 9,5 Jahren (R = 2 - 30 Jahre) 17,3 ± 6,7 Zigaretten (R = 5 - 30 Zigaretten) täglich. Der Zigarettenkonsum und der Beginn des Rauchens wurden von den Probanden angegeben. Mit Hilfe dieser Daten errechneten wir die Gesamtdosis. Der Mittelwert lag bei 85.500 ± 60.400 Zigaretten (R = 10.000

- 380.000 Zigaretten). Das Exraucherkollektiv hatte über 12,2 ± 10,1 Jahre (R = 2 -
30 Jahre) im Mittel 17,8 ± 8,9 Zigaretten (R = 5 - 30 Zigaretten) täglich geraucht.
Die Gesamtmenge betrug im Mittel 96.250 ± 94.000 Zigaretten (R = 8.000 - 320.000
Zigaretten). Die Exraucher hatten vor 3,6 ± 3,2 Jahren (R = 0,2 - 13 Jahre) das Rauchen
eingestellt.

Die Ergebnisse der Latenzzeitverlängerung nach Doppelreiz und der Leitgeschwindigkeit
des Nervus suralis für Raucher, Exraucher und Nichtraucher sind der Tabelle 18 zu entnehmen.

Die Ergebnisse der Nervenleitgeschwindigkeit unterscheiden sich zwischen Exrauchern und
Nichtrauchern nur geringfügig. Für die Raucher zeigt sich jedoch eine gewisse Tendenz
zur Verminderung der Nervenleitgeschwindigkeit im Vergleich zu den Nichtrauchern; statistisch ergibt sich aber keine Signifikanz. Die Leitgeschwindigkeit des Nervus suralis der
Exraucher ist nahezu identisch mit der der Nichtraucher.

	DRS	R-DRS	NLG	R-NLG
Raucher	5,8 ± 1,5	3,6 - 8,1	50,7 ± 4,1	45 - 64
Exraucher	3,9 ± 1,9	1,0 - 7,1	52,5 ± 4,5	44 - 61
Nichtraucher	2,6 ± 1,2	1,0 - 5,5	52,2 ± 4,1	43 - 60

Tabelle 18: Neurophysiologische Ergebnisse der Probandenkollektive. Latenzzeitverlängerung
nach Doppelreiz (DRS, %) Nervenleitgeschwindigkeit (NLG, m/sec) für Raucher, Exraucher und
Nichtraucher. Angegeben ist der Mittelwert und die einfache Standardabweichung. Zusätzlich
Angabe der Spanne für die Latenzzeitverlängerung nach Doppelreiz (R-DRS, %) und für die
NLG (R-NLG, m/sec)

Deutliche Unterschiede zwischen allen drei Kollektiven weist dagegen die Latenzzeitverlängerung nach Doppelreiz auf. Unter Anwendung des Wilcoxon-Tests sind die Unterschiede der Latenzzeitverlängerung nach Doppelreiz zwischen Rauchern und Nichtrauchern mit $p < 0,001$ statistisch signifikant verschieden. Die neurophysiologischen Parameter der Exraucher liegen zwischen denen der Kollektive von Rauchern und Nichtrauchern.
Der Mittelwert für die Latenzzeitverlängerung dieser Probanden unterscheidet sich mit
demselben Testverfahren mit $p < 0,05$ sowohl von den Rauchern als auch von den Nichtrauchern.

Abbildung 49 gibt einen Überblick über die Verteilung der Latenzzeitverlängerung nach
Doppelreiz in den einzelnen Kollektiven. Die Nichtraucher befinden sich im wesentlichen
im Bereich bis 4 %, die Raucher im Bereich von 4 - 8 %, und die Exraucher finden sich in
allen Klassen. Eine eindeutige Dosis-Wirkungsbeziehung zwischen der kumulativen Zahl
gerauchter Zigaretten bis zum Untersuchungszeitpunkt und der Latenzzeitverlängerung
nach Doppelreiz ergibt sich nicht.

Chronischer Zigarettenkonsum führt zu einer Dysfunktion des Nervus suralis im Vergleich
zu Nichtrauchern. Neurophysiologisch manifestiert sich dieser Unterschied erst bei der Anwendung von Doppelreizen und Bestimmung der Latenzzeitverlängerung nach Doppelreiz
statistisch signifikant. Exraucher weisen eine deutliche Funktionsverbesserung des Nervus

suralis im Vergleich zu den Rauchern auf, erreichen jedoch nicht wieder die neurophysiologischen Parameter der Nichtraucher. Die Gruppe der Exraucher unterscheidet sich statistisch signifikant von den Rauchern und Nichtrauchern. Es ist daher anzunehmen, daß diese Gruppe ein eigenes Kollektiv darstellt.

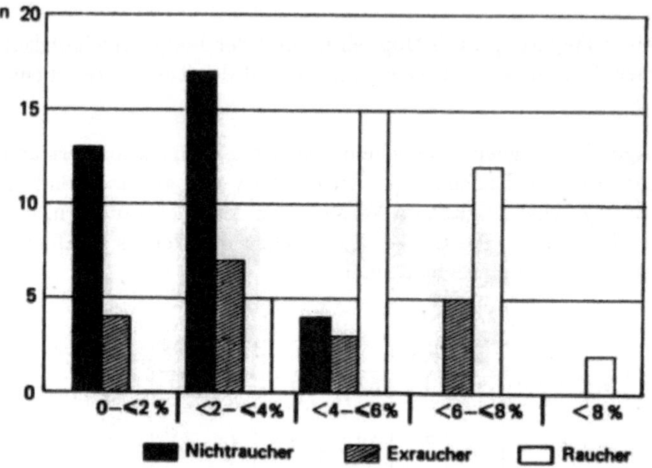

Abb. 49. Verteilung der Latenzzeitverlängerung nach Doppelreiz für Raucher, Exraucher und Nichtraucher. Die Ergebnisse sind in Gruppen zu jeweils 2% eingeteilt. Die Nichtraucher befinden sich hauptsächlich im Bereich bis zu 4%, die Raucher im Bereich von 4–8% und die Exraucher in allen Gruppen

Aus neurotoxikologischer Sicht dürfte es fast unmöglich sein, eine der mehreren tausend Substanzen, die im Tabakrauch vorhanden sind, als Ursache der neurophysiologischen Unterschiede zwischen den drei Kollektiven zu nennen (7, 68, 69). Auch ist nur ein kleiner Teil der Inhaltsstoffe bislang überhaupt identifiziert worden (7, 68, 69, 268).

Rauchen stellt neben Diabetes den Hauptrisikofaktor für periphere arterielle Verschlußkrankheiten dar (20, 105), für die unteren Extremitäten scheint es der gravierendste Faktor überhaupt zu sein (20, 242).

Eames und Lange (63) fanden bei Patienten mit arterieller Verschlußkrankheit deutliche Veränderungen der Vasa nervorum und strukturelle Schäden des Myelins. Unter diesen Patienten waren 26 Raucher. Viele wiesen klinisch diskrete Anzeichen einer Polyneuropathie auf.

Neben den vaskulären Schäden weisen Raucher eine Vielzahl hämorheologischer Veränderungen, wie eine Erhöhung der Plasmaviskosität, des Hämatokrits, des Fibrinogens und der Filtereigenschaften auf (68, 69). Diese Parameter normalisieren sich nach Beendigung des Rauchens wieder (69). Kombiniert sind diese Prozesse mit metabolischen Veränderungen wie einer Erhöhung der Katecholamine und des Kohlehydratstoffwechsels (7, 68, 69).

Das Raucherkollektiv ist mit einem Durchschnittsalter von 34 Jahren zwar noch zwei Jahrzehnte von der durchschnittlichen Erstmanifestation arterieller Verschlußkrankheiten (55 Jahre bei Männern und 66 Jahre bei Frauen) entfernt (105), erste Gefäß- und Nervenveränderungen dürften aber nach durchschnittlich 13 Jahren Zigarettenkonsum eingetreten sein.

Eine normale Suralisleitgeschwindigkeit schließt gerade bei vaskulären Prozessen strukturelle Schäden nicht aus. Segmentale De- und Remyelinisierung findet sich häufig bei vaskulären Störungen der unteren Extremitäten (289).

Nach den Publikationen (155, 157, 278) wird die Verlängerung der Latenzzeitverlängerung nach Doppelreiz im wesentlichen durch Demyelinisierungsprozesse hervorgerufen, Veränderungen in einigen Neurolemmmocyten sollen die Latenzzeitverlängerung bereits signifikant verändern (120, 155, 157).

Aber nicht nur strukturelle, sondern eher funktionelle Anteile peripherer Nervenfunktionsstörungen, wie z. B. bei Dialyse (s. Kap. 8.8) und medikamentösen Effekten (125), werden erst durch die Anwendung der Doppelreiztechnik und Bestimmung der Latenzzeitverlängerung erfaßt.

Die signifikante Abgrenzung des Exraucherkollektivs von den Rauchern und Nichtrauchern legt den Gedanken nahe, daß durch den Tabakkonsum einerseits funktionelle Veränderungen im Nervus suralis auftreten, die nach Ende der Noxe Ursache der Funktionsverbesserung sind. Ein Hinweis könnte die Normalisierung der hämorheologischen Parameter sein (69). Andererseits wird die Funktionsqualität der Nichtraucher von den Exrauchern auch später nicht wieder erreicht. Es ist daher anzunehmen, daß Rauchen auch strukturelle Veränderungen der Neurolemmocyten induziert, die allein mit der Leitgeschwindigkeitsmessung des Nervus suralis nur unvollständig nachgewiesen werden können.

Veränderungen der Neurolemmmocyten sollen aber am ehesten die Ursache der altersabhängigen Abnahme der Leitgeschwindigkeit sensibler Nerven darstellen. Besonders die Verkürzung der Internodalsegmente (151), der Anstieg der Variabilität der Internodien (273) und die partielle Demyelinisierung (203) sind hier hervorzuheben. Ein klinisches Äquivalent dieser Befunde bestand häufig nicht.

In der Literatur sind die Angaben zur Altersabhängigkeit der Leitgeschwindigkeit des Nervus suralis für das Segment Malleolus lateralis - Wade bei orthodromer Ableitung unterschiedlich (s. Kap. 7.1.1). Ein klarer numerischer Wert - 1,1 m/sec pro Dekade - wird von Tackmann et alii (281) angegeben. Bei Behse und Mitarbeiter (12) wird für die Altersgruppe von 40 - 65 Jahren im Gegensatz zur Altersgruppe von 15 - 30 Jahren ein Unterschied von 1,7 m/sec angegeben. Lehmann et alii (157) berichten von einer Tendenz zur Verlangsamung im Alter, während sich in dieser Untersuchung keine Altersabhängigkeit für die Latenzzeitverlängerung nach Doppelreiz ergab. Mamoli et alii (176) fanden keine signifikante Altersabhängigkeit. Weitere Angaben zu diesem Thema sind im Überblick dem Kapitel 7.1.1 zu entnehmen.

Der Unterschied von 1,5 m/sec für die Nervenleitgeschwindigkeit des Nervus suralis zwischen Rauchern und Nichtrauchern dieser Untersuchung könnte rein numerisch auch etwa dem Altersunterschied einer Dekade nach Tackmann et alii oder aber auch dem anderer Autoren entsprechen (12, 281).

Alle Probanden dieser Untersuchung erfüllten die gängigen Kriterien gesund zu sein, wie es in vielen neurophysiologischen Untersuchungen angeführt wird. Trotzdem finden sich unter Berücksichtigung des Faktors Zigarettenkonsum hoch signifikante Funktionsunterschiede des Nervus suralis. Es ist als relativ sicher anzunehmen, daß chronischer Zigarettenkonsum zu einer subklinischen Schädigung peripherer Nerven führt. Die Ursache dürfte wahrscheinlich im vaskulären Bereich zu suchen sein. Die Ergebnisse der Untersuchung deuten letztlich auch darauf hin, daß bei Aussagen zur Altersabhängigkeit der Funktion sensibler Nerven die Analyse der Rauchgewohnheiten zu berücksichtigen ist. Die Problematik des Faktors Rauchen für die diabetische Polyneuropathie wurde im Kapitel 8.3 besprochen.

9.2 Latenzzeitverlängerung nach Doppelreiz bei Betablockern

Metoprolol

Propranolol

Betablocker stellen zur Prophylaxe von Migräneanfällen ein Mittel erster Wahl dar. Metoprolol und Propranolol sind bei dieser Indikation mit die am besten geprüften Substanzen (266), obwohl die Art des Wirkungsmechanismus bislang nicht eindeutig geklärt ist (7, 266). Von internistischer Seite ergeben sich vielfältige Einsatzmöglichkeiten, wie z. B. bei Hypertonie, Angina pectoris, nach Myokardinfarkt und bei besonderen Formen kardialer Erregungsleitungsstörungen. Es ist daher verständlich, daß Funktionsänderungen des autonomen Nervensystems am Herzen sowie des Myokards während der Therapie mit diesen Substanzen mehr erforscht sind als entsprechende Modulationen sensibler peripherer Nerven.

Alle Messungen wurden nach den bereits beschriebenen methodischen Grundsätzen und Richtlinien durchgeführt.

Diese Untersuchung wurde prospektiv und doppelblind durchgeführt. Unser Patientenkollektiv unter Betablockertherapie bestand aus insgesamt 29 Patienten, die wegen vasomotorischer Kopfschmerzen mit zwei unterschiedlichen Betablockern therapiert worden waren. In der ersten Gruppe befanden sich 16 Patienten, die über zwölf Wochen Propranolol in einer Dosierung von 120 mg/die erhalten hatten. Die zweite Gruppe bestand aus 13 Patienten, die mit Metoprolol in einer Dosierung von 200 mg/die über denselben Zeitraum behandelt worden waren. Lediglich in der Gruppe unter Propranolol befanden sich sieben männliche Patienten, ansonsten bestanden beide Kollektive aus weiblichen Patienten. Der Mittelwert des Alters lag in der ersten Gruppe bei 32,7 ± 9,7 Jahren (R = 19 - 51), in der zweiten Gruppe bei 33,5 ± 10,4 Jahren (R = 22 - 50) und unterschied sich somit nicht statistisch signifikant. Patienten mit Erkrankungen, die zu einer Interferenz führen könnten, wurden aus dieser Untersuchung ausgeschlossen. Kontrollen der Herz- und Kreislaufparameter sicherten die regelmäßige Einnahme der Medikation ab. Direkt vor Beginn und unter der Therapie nach zwölf Wochen wurden die Patienten sowohl klinisch als auch neurophysiologisch untersucht.

Ein objektiver klinischer Befund, der auf eine gravierende Änderung der peripheren Nervenfunktion hinweisen könnte, ließ sich am Ende der Prophylaxe nicht erheben. Lediglich zwei Patienten unter Propranolol berichteten über ein vermehrtes Schweregefühl und Parästhesien der Extremitäten. Ein klinisch-neurologisches Korrelat dieser Beschwerden war nicht festzustellen.

Die Veränderungen der Latenzzeitverlängerung nach Doppelreiz und der Leitgeschwindigkeit des Nervus suralis sowie der Amplitude jedes Patienten unter Propranolol oder Metoprolol zeigen die Tabellen 19 und 20.

Die Kontrolle der neurophysiologischen Parameter beider Gruppen unter der Prophylaxe mit Propranolol und Metoprolol ergab am Ende des Anwendungszeitraums in beiden Gruppen eine leichte Verminderung der Nervenleitgeschwindigkeit und der Amplitude des Nervus suralis. Die Ergebnisse dieser beiden neurophysiologischen Parameter erwiesen sich jedoch nicht als statistisch signifikant different im Vergleich zu den Ausgangswerten.

In der Gruppe unter Propranolol fand sich eine durchschnittliche Abnahme der Nervenleitgeschwindigkeit von 53,3 ± 3,9 m/sec auf 52,1 ± 4,8 m/sec. Die Nervenleitgeschwindigkeit der Gruppe unter Metoprolol fiel von 52,5 ± 4,4 m/sec leicht auf 51,0 ± 3,7 m/sec ab (s. Abb. 50).

Geschl.	ALTER	vor Propranolol			unter Propranolol		
		NLG m/sec	AMPL μV	DRS %	NLG m/sec	AMPL μV	DRS %
M	27	52,4	8,6	2,1	53,9	4,7	12,2
M	27	53,5	5,5	7,1	51,7	6,9	6,9
W	35	51,7	3,6	3,4	48,0	4,6	14,0
W	24	53,6	7,0	3,5	50,3	5,8	11,7
W	48	51.7	7.8	3,4	57,2	6,2	16,0
W	22	61,9	7,1	2,5	51,3	4,3	6,8
W	44	59,9	4,5	0,8	64,0	7,1	13,0
W	28	57,6	11,0	3,0	50,0	4,7	5,0
M	34	48,4	5,8	3,2	46,9	7,6	6,1
W	51	53,1	8,3	3,1	53,0	3,9	6,4
W	25	57,6	3,2	6,1	60,0	3,1	4,9
M	38	48,7	6,2	1,2	47,4	7,8	11,3
W	24	50,3	4,7	6,0	49,0	6,6	11,7
M	19	52,0	1,2	4,0	47,2	2,7	7,5
M	35	50,0	4,6	3,0	50,0	3,9	4,0
M	42	50,9	9,4	3.1	55.0	7.0	7.3

Tabelle 19: Geschlecht und Alter der Patienten, die mit Propranolol behandelt wurden. Nervenleitgeschwindigkeit (NLG), Amplitude (AMPL) und Latenzzeitverlängerung nach Doppelreiz (DRS) des Nervus suralis vor und unter der Therapie mit Propranolol

Dieselbe Tendenz zeigt die Amplitudenhöhe beider Gruppen. Unter Propranolol ergab sich eine Verminderung der Amplitude von 6,1 ± 2,5 μV auf 5,4 ± 1,6 μV (s. Abb. 51). Unter Metoprolol zeigte sich eine Verminderung der Amplitude von 4,5 ± 2,4 μV auf 4,2 ± 1,5 μV (s. Abb. 51). Die leichte Verminderung der Amplituden ist jedoch nicht statistisch signifikant.

Deutliche Veränderungen im Vergleich zu den Ausgangswerten wies dagegen die Latenzzeitverlängerung nach Doppelreiz auf. Im Kollektiv unter Propranolol stieg dieser Parameter von 3,5 ± 1,6 % auf 9,0 ± 3,7 % an, im Kollektiv unter Metoprolol nahm er von 5,2 ± 1,8 % auf 7,6 ± 2,4 % zu (s. Abb. 52).

		vor Metoprolol			unter Metoprolol		
Geschl.	ALTER	NLG m/sec	AMPL μV	DRS %	NLG m/sec	AMPL μV	DRS %
W	26	53,5	3,2	7,1	60,5	3,6	8,1
W	34	47,2	4,6	3,0	48,3	3,2	6,4
W	37	54,2	4,2	7,5	53,1	4,1	8,0
W	28	53,0	4,5	7,0	52,1	5,2	7,0
W	24	57,6	6,2	3,8	50,0	5,4	12,0
W	50	43,2	1,1	5,2	45,7	1,2	6,7
W	23	51,7	4,2	3,4	47,7	4,3	8,9
W	48	51,3	2,5	5,0	49,6	2,6	6,6
W	22	53,5	3,1	7,1	53,5	4,3	7,1
W	23	50,0	3,9	6,6	49,0	4,7	12,4
W	46	57,5	3,1	6,0	54,O	3,2	6,2
W	31	50,0	10,9	2,0	49,6	7,1	3,3
W	44	60,0	7,2	4,0	46,2	6,2	6,0

Tabelle 20: Geschlecht und Alter der Patienten, die mit Metoprolol behandelt wurden. Nervenleitgeschwindigkeit (NLG), Amplitude (AMPL) und Latenzzeitverlängerung nach Doppelreiz (DRS) des Nervus suralis vor und unter der Therapie mit Metoprolol

Der Wilcoxon-Test bestätigt mit p < 0,001 für das Kollektiv unter Propranolol und mit p < 0.01 für das unter Metoprolol den Anstieg der Latenzzeitverlängerung nach Doppelreiz.

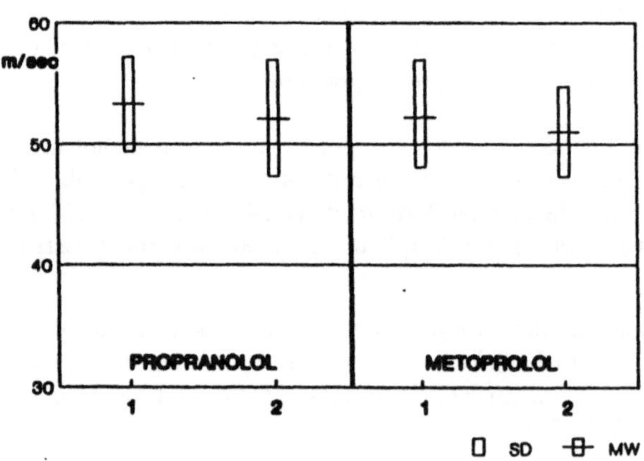

Abb. 50. Mittelwerte (MW) und einfache Standardabweichung (SD) der Leitgeschwindigkeit des Nervus suralis unter Propranolol und Metoprolol vor (1) und unter (2) der Therapie. Die Differenzen zu den Ausgangswerten sind nicht signifikant

Der prozentuale Anstieg der Latenzzeitverlängerung nach Doppelreiz im Vergleich zum Ausgangswert beträgt im Mittel in der Gruppe unter der Therapie mit Propranolol 257 % und ist ausgeprägter als in der Gruppe unter Metoprolol mit 146 % (s. Abb. 52). Dieser Unterschied läßt sich jedoch statistisch nicht absichern.

Eine Prophylaxe der Migräne mit Betablockern stellt aus klinisch-neurologischer Sicht eine wirksame Methode dar, die nur gelegentlich zu geringgradigen Nebeneffekten führt

(4). Die subjektiven Nebenwirkungen, welche zwei Patienten während der Therapie mit
Propranolol angaben, bewegen sich etwa in der gleichen Größenordnung wie in der umfangreichen Studie von Zacharias et alii (307). Falls diese Symptome zu gravierend sind,
wird der Einsatz β-1 selektiver Betablocker empfohlen, da vom Wirkungsprinzip her diese
Nebeneffekte weniger zu erwarten sind (52). Als Ursache wird eine Verminderung der peripheren Durchblutung als Resultat des reduzierten Herzminutenvolumens und der peripheren Vasokonstriktion angenommen (231). Kardioselektive Betablocker, wie z. B. Metoprolol, führen in geringerem Maße zu peripheren Durchblutungsänderungen (231, 260,
297), wodurch das Fehlen der subjektiven Nebenwirkungen in der Patientengruppe mit
Metoprolol erklärt werden könnte.

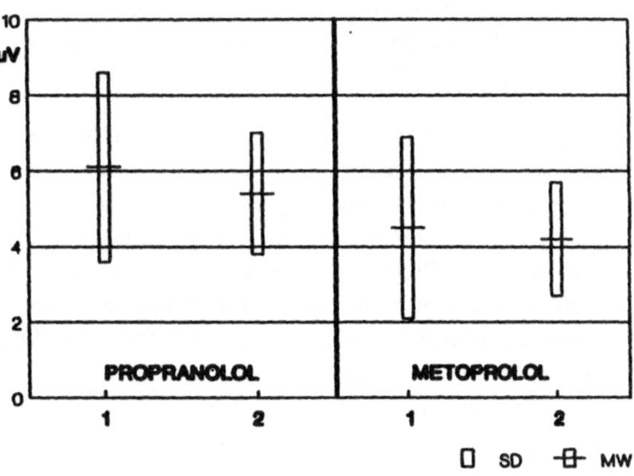

Abb. 51. Mittelwerte (MW) und einfache
Standardabweichung (SD) der Amplitude
des Nervenaktionspotentials des Nervus
suralis unter Propranolol und Metoprolol
vor (1) und unter (2) der Therapie. Die
Differenzen zu den Ausgangswerten sind
nicht signifikant

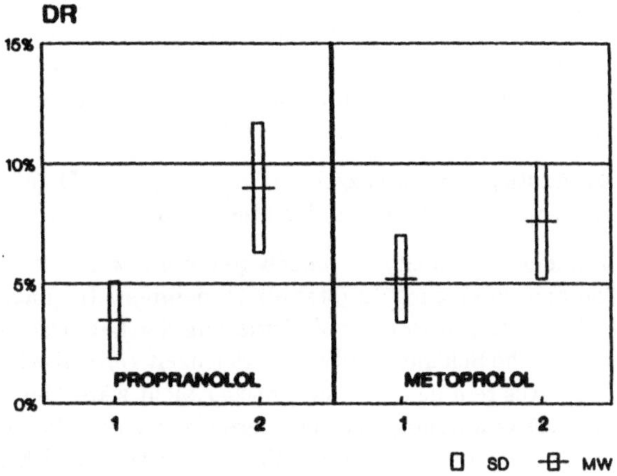

Abb. 52. Mittelwerte (MW) und einfache
Standardabweichung (SD) der Latenzzeitverlängerung nach Doppelreiz unter
Propranolol und Metoprolol vor (1) und
unter (2) der Therapie. Die Differenzen
zu den Ausgangswerten sind mit p
< 0,001 für Propranolol und p < 0,01
für Metoprolol statistisch signifikant

Allerdings scheint es noch nicht eindeutig geklärt zu sein, ob überhaupt ein substanzspezi-
fischer Unterschied des kardialen Auswurfvolumens zwischen Metoprolol und Propranolol
existiert (297), so daß die Frage nicht eindeutig beantwortet werden kann, ob die Ursache
der subjektiven Nebenwirkungen als Resultat einer peripheren Durchblutungsänderung
aufzufassen ist.

Die Tendenz der Leitgeschwindigkeit des Nervus suralis zur Verlangsamung, die Abnahme der Amplitude und die eindeutigen, statistisch signifikanten neurophysiologischen

Veränderungen der Latenzzeitverlängerung nach Doppelreiz sind Ausdruck einer funktionellen Modulation des Nervus suralis unter der Therapie.

Die neurophysiologischen Meßergebnisse weisen auch klar und unwiderlegbar nach, daß die Funktionsänderungen des Nervus suralis unter Therapie nicht mit der konventionellen Leitgeschwindigkeitsmessung nachweisbar sind.

Auch unter der Therapie mit Betablockern kann die Doppelreiztechnik - wie in anderen Fällen - bereits frühzeitig leichte Funktionsveränderungen nachweisen, die sich kaum klinisch manifestiert haben.

Aus der geringen Abnahme der Nervenleitgeschwindigkeit und der Amplitude sowie aus der deutlichen Zunahme der Latenzzeitverlängerung nach Doppelreiz läßt sich folgern, daß während einer Therapie mit Betablockern die Repolarisierung des Membranpotentials verändert ist.

Eine gewisse Parallele zu den hier beschriebenen Effekten der Betablocker am Nerven bieten die Veränderungen der kardialen Funktionen. Zieleffekte einer Therapie mit Betablockern am Herzen werden hauptsächlich über eine Blockade der Betarezeptoren und Veränderung der katecholaminbedingten Depolarisationsvorgänge an der kardialen Einzelfaser bewirkt (260). Als Resultat ergeben sich eine Abnahme der Depolarisationsgeschwindigkeit, eine Erhöhung der Reizschwelle, eine Zunahme der Aktionspotentialdauer und eine Zunahme der Refraktärzeit (7, 260). Da Schreurs et alii (249) im Tierexperiment Betarezeptoren an peripheren Nerven nachwiesen, ist es denkbar, daß die neurophysiologischen Veränderungen der Funktion des Nervus suralis das Ergebnis einer Blockade der Betarezeptoren am peripheren menschlichen Nerven darstellen.

Nach Schreurs (249) handelt es sich am peripheren Nerven um Beta-2 Rezeptoren. Da Metoprolol Beta-1 selektiv ist, stellen die diskreten neurophysiologischen Unterschiede zwischen Propranolol und Metoprolol vermutlich ein Resultat der unterschiedlichen pharmakologischen Eigenschaften zwischen beiden Substanzen dar. In niedrigen Dosierungen ist die Rezeptorselektivität dieser beiden Beta-Blocker noch ausgeprägter (4, 202, 231), was die Unterschiede zusätzlich erklären kann.

Der Anstieg der Latenzzeitverlängerung nach Doppelreiz ist nach den bisherigen Beobachtungen nach Absetzen der Medikation reversibel.

Besondere Vorsicht ist jedoch geboten, wenn Patienten während einer Betablocker-Therapie zusätzlich Ergotamin einnehmen. Im nächsten Kapitel wird dargestellt, daß auch Ergotamin zu einer Veränderung der Latenzzeitverlängerung nach Doppelreiz führt. Hypoxische Schäden sind unter gleichzeitiger Gabe beider Substanzen beobachtet worden (298). Aus rein neurophysiologischer Sicht wäre Metoprolol dem Propranolol vorzuziehen, da die Beeinflussung der peripheren Nervenfunktion etwas geringer zu sein scheint. Allerdings stehen mit Metoclopramid und Acetylsalicylsäure gute Alternativen zum Ergotamin zur Verfügung, falls neben der Prophylaxe mit einem Betablocker eine weitere Medikation in einem besonders schweren Anfall notwendig sein sollte.

9.3 Latenzzeitverlängerung bei Ergotaminderivaten

Ergotamin

Dihydroergotamin

Lisurid

Erste Versuche, Ergotamin in der Migränetherapie einzusetzen, fanden Ende des 19. Jahrhunderts statt. Zunächst wurden natürliche Ergotaminverbindungen benutzt (7), später erfolgte die Entwicklung semisynthetischer Derivate durch katalytische Hydrogenierung, wie z. B. Dihydroergotamin, die dann auch konsequent in der Migränetherapie erprobt wurden. Ein neueres Derivat aus dieser Gruppe stellt Lisurid dar. Viele der semisynthetischen Ergotaminderivate gelten als deutlich geringer toxisch und vasokonstriktiv wirksam als Ergotamin in unveränderter Form (7, 74, 77).

In der Literatur fanden sich bereits vor Jahrzehnten Angaben über Veränderungen im zentralen Nervensystem unter Ergotamin (30). Nebenwirkungen unter der Medikation mit Ergotaminderivaten können sich unter anderem als diskretes polyneuropathisches Syndrom mit kalten Extremitäten und Parästhesien äußern (79, 276).

Die neurophysiologischen Untersuchungen zur Gruppe der Ergotaminverbindungen bei Ableitung mit Oberflächenelektroden wurden nach den in den Kapiteln 4.1 bis 5.5 geschilderten Methoden und Richtlinien an einem Tönnies DA II R Meßplatz durchgeführt.

An unserem Patientenkollektiv erfolgte eine ausführliche Anamneseerhebung und eine klinisch-neurologische Untersuchung, wobei insbesondere auf diskretere Anzeichen einer leichten Polyneuropathie wie kalte Extremitäten und Parästhesien geachtet wurde. Falls die Anamnese bezüglich der Medikation nicht eindeutig war, wurden diese Patienten ausgeschlossen. Auch die Einnahme anderer Medikamente zur selben Zeit führte zum Ausschluß wie auch Erkrankungen, die zu Veränderungen im Nervensystem führen. Nach den klinischen Untersuchungsergebnissen unterschieden wir drei Gruppen mit:
a) keinen Beschwerden, b) kalten Extremitäten und c) Parästhesien.

Nach der durchschnittlichen Dosierung von Ergotamin und Dihydroergotamin während der letzten sechs Monate in mg/die wurden jeweils drei Gruppen mit einer niedrigen, (0,1 mg für Ergotamin; 0,15 mg für Dihydroergotamin) einer mittleren (0,28 mg für Ergotamin; 0,4 mg für Dihydroergotamin) sowie einer hohen Dosierung (0,75 mg für Ergotamin; 0,9 mg für Dihydroergotamin) gebildet.

Die Substanz Lisurid wurde während einer klinischen Studie getestet, so daß hier nur zwei Gruppen mit einer niedrigen (0,025 mg) sowie einer hohen Dosierung (0,050 mg) während drei Monaten gebildet wurden. Die Geschlechtsverteilung und das Alter der Patienten können der Tabelle 21 entnommen werden.

Die klinisch-neurologische Untersuchung konnte keine gravierenden Ausfälle nachweisen. Ein Teil der Patienten klagte über Kältegefühl in den Extremitäten (s. Tab. 22, 23). Nur nach der Anwendung von Ergotamin gaben Patienten Parästhesien an. Die Messung der Leitgeschwindigkeit des Nervus suralis ergab weder für die Therapie mit Ergotamin noch für die mit Dihydroergotamin oder Lisurid statistisch signifikante Unterschiede, unabhängig von der Zuordnung zur klinischen Symptomatik oder zu den Dosierungsgruppen (s. Tab. 22, 23).

Medikation	Anzahl	Alter	Geschlecht	
Ergotamin	78	39,4 ± 10,9	57 W	21 M
Dihydroergotamin	34	38,3 ± 9,7	26 W	6 M
Lisurid	14	42,5 ± 9,8	13 W	1 M

Tabelle 21: Patientenanzahl, Alter (Mittelwert und einfache Standardabweichung) und Geschlechtsverteilungder Patienten in den einzelnen Medikamentengruppen

Substanzspezifische Resultate ergab dagegen die Bestimmung der Latenzzeitverlängerung nach Doppelreiz. Die Ergebnisse der einzelnen Ergotaminderivate in Abhängigkeit von der klinischen Symptomatik können der Tabelle 22 entnommen werden.

		ET	DHE	LI
Keine Beschwerden	n	39	23	11
	NLG	49,8 ± 6,2	51,1 ± 3,2	52,4 ± 4,9
Kalte Extremitäten	n	23	11	3
	NLG	50,6 ± 5,8	52,2 ± 4,9	45,5 ± 2,7
Parästhesien	n	16		
	NLG	49,6 ± 4,7	—	—

Tabelle 22: Klinische Beschwerden, Nervenleitgeschwindigkeit (NLG) in m/sec und Anzahl der Patienten (n) unter Ergotamin (ET), Dihydroergotamin (DHE) und Lisurid (LI). Für die NLG ist der Mittelwert und die einfache Standardabweichung angegeben. (—: keine Angaben)

Dosierung		ET	DHE	LI
	n	22	4	8
niedrig	NLG	51,8 ± 4,8	49,3 ± 3,2	51,5 ± 4,9
	n	36	11	
mittel	NLG	47,6 ± 6,1	50,7 ± 4,5	—
	n	20	19	6
hoch	NLG	48,4 ± 5,3	52,1 ± 3,4	51,2 ± 5,1

Tabelle 23: Nervenleitgeschwindigkeit (NLG) in m/sec und Anzahl der Patienten (n) unter Ergotamin (ET), Dihydroergotamin (DHE) und Lisurid (LI) in Abhängigkeit von der Dosierungshöhe. Für die NLG (m/sec) ist der Mittelwert und die einfache Standardabweichung angegeben. (—: keine Angaben)

Nur bei Ergotamin werden von den Patienten Parästhesien angegeben. Die Werte der Latenzzeitverlängerung nach Doppelreiz zeigen unter Anwendung des Wilcoxon-Tests einen statistisch signifikanten ($p < 0,01$) Anstieg mit Zunahme der klinischen Beschwerden für diese Substanz. Unter Dihydroergotamin und Lisurid gaben die Patienten keine Parästhesien an.

Es besteht jedoch ein deutlicher Hinweis auf eine Zunahme der Latenzzeitverlängerung nach Doppelreiz in der Gruppe mit kalten Extremitäten im Vergleich zum Kollektiv ohne Beschwerden. Statistisch signifikant ist dieser Unterschied jedoch nicht (s. Tab. 24).

Differenziert nach der durchschnittlichen Dosis pro Tag während des letzten halben Jahres zeigt sich, daß lediglich unter Ergotamin ein deutlicher Anstieg der Latenzzeitverlängerung nach Doppelreiz in Abhängigkeit von der applizierten Menge nachgewiesen werden konnte (s. Tab. 23). Die Unterschiede zwischen den drei Kollektiven mit verschiedener Ergotamindosierung ist mit $p < 0{,}01$ im Wilcoxon-Test statistisch signifikant. Eine solche Beziehung ergibt sich jedoch nicht für die Substanzen Dihydroergotamin und Lisurid, obwohl sich auch hier eine gewisse Tendenz mit Erhöhung der Latenzzeitverlängerung nach Doppelreiz mit zunehmender Dosierung abzeichnet (s. Tab. 25).

Um weitere Aussagen zum Ergotamineffekt im peripheren Nervensystem zu gewinnen, wurde bei 20 Patienten mit chronischer Ergotamineinnahme der Nervus suralis mit Nadelelektroden untersucht.

		ET	DHE	LI
keine Beschwerden	n	39	22	11
	DRS	$7{,}1 \pm 2{,}4$	$4{,}3 \pm 1{,}8$	$5{,}0 \pm 1{,}3$
kalte Extremitäten	n	23	12	3
	DRS	$9{,}7 \pm 2{,}7$	$4{,}9 \pm 1{,}6$	$6{,}4 \pm 0{,}9$
Parästhesien	n	16		
	DRS	$13{,}4 \pm 3{,}6$	—	—

Tabelle 24: Klinische Beschwerden, Latenzzeitverlängerung nach Doppelreiz (DRS) und Anzahl der Patienten (n) unter Ergotamin (ET), Dihydroergotamin (DHE) und Lisurid (LI). Für die Latenzzeitverlängerung nach Doppelreiz ist der Mittelwert und die einfache Standardabweichung angegeben. (—: keine Angaben)

Dosierung		ET	DHE	LI
niedrig	n	22	4	8
	DRS	$6{,}1 \pm 1{,}6$	$3{,}8 \pm 2{,}3$	$4{,}8 \pm 1{,}3$
mittel	n	36	12	
	DRS	$9{,}8 \pm 2{,}7$	$4{,}7 \pm 1{,}4$	—
hoch	n	20	18	6
	DRS	$11{,}9 \pm 3{,}2$	$4{,}4 \pm 1{,}8$	$5{,}2 \pm 2{,}2$

Tabelle 25: Latenzzeitverlängerung nach Doppelreiz (DRS) und Anzahl der Patienten (n) unter Ergotamin (ET), Dihydroergotamin (DHE) und Lisurid (LI) in Abhängigkeit von der Dosierungshöhe. Für die Latenzzeitverlängerung nach Doppelreiz (DRS) ist der Mittelwert und die einfache Standardabweichung angegeben. (—: keine Angaben)

Dieses erscheint sinnvoll, da die Ableitung mit Oberflächenelektroden lediglich für Ergotamin statistisch signifikante Veränderungen der Funktion des Nervus suralis ergeben hatte und eventuell weitere Parameter bei der Ableitung mit Nadelelektroden bestimmt werden können (s. Kap. 6). Alle Patienten suchten die Klinik wegen eines Ergotaminkopfschmerzes auf. Es galten die bereits genannten Einschlußkriterien.

Untersucht wurden 15 Frauen und fünf Männer im Alter von 44 ± 10 Jahren (R = 27 - 63). Die durchschnittliche Ergotamineinnahme während der letzten sechs Monate betrug im Mittel $0,7 \pm 0,4$ mg/die (R = 0,15 - 1,5 mg/d). Die Technik und Methode der Aktionspotentialableitung des Nervus suralis mit Nadelelektroden entsprach den Ausführungen, die bereits in den Kapiteln 4 bis 6 gemacht wurden.

Verglichen wurden diese Meßergebnisse mit den ersten 20 Probanden des Normwertkollektivs, die in etwa den Altersstufen entsprechen (s. Kap. 6.1.2). Tabelle 26 stellt die Ergebnisse zusammenfassend dar.

Die Analyse der Nervenaktionspotentiale ergab bei einem Patienten drei Komponenten, bei zwei Patienten dagegen vier Komponenten. Es zeigte sich, daß lediglich die Latenzzeitverlängerung nach Doppelreiz statistisch signifikant different vom Normalkollektiv ist ($p < 0,01$).

Während einer Therapie mit Ergotamin treten schon bei Dosierungen im therapeutischen Bereich Parästhesien auf, während diese Symptome nach Gabe von Dihydroergotamin und Lisurid nicht gefunden wurden. In Übereinstimmung mit diesen Ergebnissen führt Storch in einer Untersuchung an 550 Patienten kalte Extremitäten und Parästhesien als häufig auftretendes akkessorisches Symptom unter Therapie mit Ergotamin an (276).

Unter hydrierten Ergotalkaloiden dagegen sollen allenfalls kalte Extremitäten und nicht Parästhesien zu den Nebenwirkungen zählen (7). Franchi und Malucci (75) berichten in ihrer Studie, daß unter Lisurid nur ein kleines Kollektiv über Kältegefühl in den Extremitäten klagte (75). Parästesien gehören somit eher zur Ausnahme einer Behandlung mit hydrogenierten Ergotaminderivaten (75, 103).

		Probanden	Ergotaminpatienten
Alter	(Jahre)	$44,4 \pm 11,2$	$43,9 \pm 11$
Leitgeschwindigkeit	(m/sec)	$50,8 \pm 3,5$	$51,0 \pm 4,5$
Latenzzeitverlängerung nach Doppelreiz	(%)	$3,4 \pm 1,9$	$8,1 \pm 3,3$
Amplitude	(μV)	$11,1 \pm 7,4$	$10,6 \pm 6,2$
Potentialbreite	(msec)	$1,4 \pm 0,3$	$1,6 \pm 0,7$

Tabelle 26: Ergebnisse der Potentialableitung mit Nadelelektroden bei Patienten mit Ergotamineinnahme mindestens während des letzten halben Jahres

Veränderungen der peripheren Nervenfunktion während der Medikation mit Ergotamin werden in erster Linie auf vaskuläre Störungen zurückgeführt (77, 79, 112). Ob ein direkter neurotoxischer Effekt besteht, wird generell eher bezweifelt (271, 276). Nach katalytischer Hydrierung vermindert sich die Toxizität von Ergotamin um ein Vielfaches (89), zusätzlich reduziert sich die kontraktile Wirkung auf die glatte Muskulatur, während die alphasympatholytische Wirkung zunimmt. Der vasokonstriktive Effekt von Dihydroergotamin beträgt z. B. nur 12 - 30 % der Wirkung von Ergotamin (7, 74).

Diese vaskuläre Hypothese könnte die klinischen und neurophysiologischen Wirkungsqualitäten von Ergotamin im Gegensatz zu Dihydroergotamin und Lisurid daher als Ergebnis der unterschiedlichen Vasokonstriktion interpretieren, die auf metabolischer Grundlage die Latenzzeitverlängerung nach Doppelreiz beeinflußt.

Im Gegensatz zu den kasuistischen Berichten über Veränderungen der Nervenfunktion (17, 72, 219) unter Ergotamin weist die Bestimmung der Latenzzeitverlängerung nach Doppelreiz eine signifikante Dosis- Wirkungsbeziehung sowohl klinisch als auch neurophysiologisch bereits bei therapeutischer Dosis nach. Für Dihydroergotamin und Lisurid tritt diese Korrelation nur andeutungsweise auf. Die klinischen und neurophysiologischen Unterschiede zwischen Ergotamin einerseits und Dihydroergotamin und Lisurid andererseits sind wahrscheinlich das Resultat der unterschiedlichen Vasokonstriktion und Toxizität.

Die klinischen und neurophysiologischen Effekte stellen vermutlich primär nicht das Ergebnis einer individuellen Überempfindlichkeit dar, sondern sind Ausdruck einer dosisabhängigen Funktionsänderung, die überhaupt erst mit der subtilen Doppelreiztechnik neurophysiologisch objektivierbar wird. Die Bestimmung der konventionellen Parameter des Nervus suralis bei der Ableitung mit Nadelelektroden erweisen sich einerseits insgesamt als nicht aussagekräftig genug, um die Funktionsstörung nachzuweisen. Andererseits deuten diese Ergebnisse auch darauf hin, daß eine strukturelle Änderung des Nervus suralis trotz chronischer Ergotamineinnahme nicht vorhanden ist.

Zusammenfassend erscheint es denkbar, daß auf der Basis dieses generalisierten Effekts zusätzlich in einzelnen Fällen eine individuelle Disposition für eine gravierendere Symptomatik verantwortlich ist (72, 219, 271).

Aus klinischer Sicht unterstützen diese Ergebnisse die Forderung nach Verzicht auf eine permanente Ergotaminbehandlung, insbesondere weil im akuten Anfall Alternativen wie Acetylsalicylsäure oder Paracetamol zur Verfügung stehen. Oft stellt eine Prophylaxe die beste Therapie für dieses Patientenklientel dar.

9.4 Latenzzeitverlängerung nach Doppelreiz bei Thymoleptika

Amitriptylin

Paroxetin

Citalopram

Imipramin

Lithium

Antidepressiva werden sowohl in der Psychiatrie als auch in der Neurologie in weitem Umfang eingesetzt. Neben der Behandlung von depressiven Syndromen ist die Schmerztherapie mit diesen Substanzen, z. B. auch bei Polyneuropathien, in den Mittelpunkt des Interesses gerückt.

Gravierende Nebenwirkungen am peripheren Nervensystem gehören zu den Ausnahmen einer Therapie mit Thymoleptika (212), während über Parästhesien unter Antidepressiva wie Imipramin öfter geklagt wird (173).

In Zusammenarbeit mit der Klinik und Poliklinik für Psychiatrie der Universität Münster wurden im Rahmen einer Doppelblindstudie über jeweils sechs Wochen dreizehn Patienten mit Amitriptylin und 14 Patienten mit Paroxetin behandelt. Amitriptylin wurde in einer Dosierung von 150 mg/die appliziert, Paroxetin in einer Dosierung von 30 mg/die. Alle Patienten litten an einer Depression, die den Einsatz einer thymoleptischen Therapie aus psychiatrischer Sicht notwendig erscheinen ließ.

Die Gruppe unter der Einnahme von Amitriptylin bestand aus neun Frauen und drei Männern im Alter von 39 ± 12 Jahren, die unter Einnahme von Paroxetin aus elf Frauen und zwei Männern im Alter von 39 ± 15 Jahren. Keiner der Patienten litt unter Erkrankungen, die primär oder sekundär das periphere Nervensystem betrafen. Eine Medikation, die regelmäßig während des Beobachtungszeitraums eingenommen wurde, wie z. B. Digitalis bei älteren Patienten, führte nicht zu einem Ausschluß aus der Untersuchung. Klinische und neurophysiologische Untersuchungen wurden vor Beginn und am Ende des Applikationszeitraums durchgeführt.

Neurophysiologisch wurden die Latenzzeitverlängerung nach Doppelreiz und die Leitgeschwindigkeit des Nervus suralis, die distale Latenz und die Leitgeschwindigkeit des Nervus peronaeus bestimmt. Zusätzlich wurde eine elektromyographische Untersuchung des Muskulus tibialis anterior zu beiden Untersuchungszeitpunkten durchgeführt.

Die klinische Untersuchung am Ende des Therapiezeitraumes ergab bei keinem Patienten gravierende neurologische Auffälligkeiten. Unter Amitriptylin berichteten zwei Patienten über vermehrtes Auftreten von kalten Extremitäten, zwei weitere Patienten über Parästhesien. Unter Paroxetin berichteten drei Patienten über kalte Extremitäten und zwei über Parästhesien.

Die elektromyographische Untersuchung am Ende des Untersuchungszeitraums ergab bei keinem Patienten Hinweise auf eine axonale Läsion in Form von Denervierungspotentialen. Die Tabellen 27 und 28 stellen die Ergebnisse der neurophysiologischen Parameter vor Beginn und am Ende der medikamentösen Therapie dar. Statistisch signifikante Unterschiede ergaben sich nicht, die Latenzzeitverlängerung nach Doppelreiz weist aber sowohl für Paroxetin als auch für Amitriptylin eine Tendenz zur Erhöhung auf.

		vor Therapie	nach Therapie
Latenzzeitverlängerung nach Doppelreiz	(%)	5,5 ± 3,5	5,9 ± 3,4
Leitgeschwindigkeit des Nervus suralis	(m/sec)	53,8 ± 6,0	53,4 ± 6,1
Leitgeschwindigkeit des Nervus peronaeus	(m/sec)	50,6 ± 4,8	49,9 ± 6,6
Distale Latenz des Nervus peronaeus	(msec)	3,9 ± 0,6	4,1 ± 0,5

Tabelle 27: Ergebnisse der neurophysiologischen Messungen vor und unter der Applikation von Amitriptylin. Angegeben ist der Mittelwert und die einfache Standardabweichung

		vor Therapie	nach Therapie
Latenzzeitverlängerung nach Doppelreiz	(%)	6,4 ± 4,2	6,6 ± 3,5
Leitgeschwindigkeit des Nervus suralis	(m/sec)	55,5 ± 3,7	54,8 ± 5,3
Leitgeschwindigkeit des Nervus peronaeus	(m/sec)	48,5 ± 3,7	49,2 ± 3,1
Distale Latenz des Nervus peronaeus	(msec)	3,6 ± 0,4	3,6 ± 0,6

Tabelle 28: Ergebnisse der neurophysiologischen Messungen vor und unter der Applikation von Paroxetin. Angegeben ist der Mittelwert und die einfache Standardabweichung

In Zusammenarbeit mit der Klinik und Poliklinik für Psychiatrie der Universität Münster wurden im Rahmen einer Doppelblindstudie über jeweils sechs Wochen drei Patienten mit Imipramin und fünf Patienten mit Citalopram behandelt, einer thymoleptischen Substanz, die nicht im Handel ist. Es handelt sich um eine Substanz, die den Tranquilizern nahe steht und eine antidepressive Wirkung hat.

Citalopram wurde in einer Dosierung von 30 mg/die appliziert, Imipramin in einer Dosierung von 100 mg/die. Alle Patienten litten an einer Depression, die den Einsatz einer thymoleptischen Therapie aus psychiatrischer Sicht notwendig erscheinen ließ. Wegen beobachteter Nebenwirkungen im Tierversuch wurde die Studie vom Hersteller vorzeitig beendet.

Die Gruppe unter der Einnahme von Imipramin bestand aus zwei Frauen und einem Mann im Alter von 38 ± 11 Jahren, die unter Einnahme von Citalopram aus drei Frauen und zwei Männern im Alter von 39 ± 10 Jahren. Der übrige Aufbau und Ablauf der Untersuchung sowie die Einschlußkriterien entsprachen denen der Untersuchung unter Amitriptylin / Paroxetin.

Am Ende des Applikationszeitraums beklagten zwei Patienten unter Therapie mit Citalopram Parästhesien der unteren Extremitäten, eine objektive neurologische Befundänderung ergab sich jedoch im Vergleich zur Anfangsuntersuchung nicht.

		vor Therapie	nach Therapie
Latenzzeitverlängerung nach Doppelreiz	(%)	6,2 ± 3,1	6,1 ± 3,5
Leitgeschwindigkeit des Nervus suralis	(m/sec)	50,3 ± 7,2	50,0 ± 5,0
Leitgeschwindigkeit des Nervus peronaeus	(m/sec)	47,3 ± 3,5	45,6 ± 4,5
Distale Latenz des Nervus peronaeus	(msec)	4,3 ± 0,5	4,2 ± 0,7

Tabelle 29: Ergebnisse der neurophysiologischen Messungen vor und unter der Applikation von Imipramin. Angegeben ist der Mittelwert und die einfache Standardabweichung

In der Praxis wird gerade eine thymoleptische Therapie über wesentlich längere Zeiträume durchgeführt als in dieser Untersuchung, wenn auch dieser Applikationszeitraum ausreichend für einen antidepressiven Effekt ist (7, Angaben des Herstellers).

Es ist nicht auszuschließen, daß die selten beobachteten Nebenwirkungen von Thymoleptika im peripheren Nervensystem das Resultat eines längeren Applikationszeitraumes oder aber einer höheren Dosierung darstellen. Im allgemeinen ist eine periphere Symptomatik unter Thymoleptikaeinnahme weitgehend reversibel, obwohl auch eine Restsymptomatik persistieren kann (34, 36, 127, 263).

		vor Therapie	nach Therapie
Latenzzeitverlängerung nach Doppelreiz	(%)	3,7 ± 0,3	5,4 ± 2,8
Leitgeschwindigkeit des Nervus suralis	(m/sec)	53,4 ± 7,6	51,5 ± 5,3
Leitgeschwindigkeit des Nervus peronaeus	(m/sec)	46,6 ± 3,7	48,0 ± 4,9
Distale Latenz des Nervus peronaeus	(msec)	4,4 ± 0,6	4,3 ± 0,4

Tabelle 30: Ergebnisse der neurophysiologischen Messungen vor und unter der Applikation von Citalopram. Angegeben ist der Mittelwert und die einfache Standardabweichung

Die geringe Tendenz zur Zunahme der Latenzzeitverlängerung nach Doppelreiz könnte ein Äquivalent der Leitungsveränderungen sein, die tierexperimentell an Purkinjefasern gefunden wurden (200).

Objektiv ergab sich unter keiner der vier geprüften Substanzen ein eindeutiger Hinweis, der für eine weitergehende Funktionsstörung des Nervus suralis oder peronaeus spricht. Die elektromyographischen Untersuchungen ergaben keinen Nachweis von Denervierungen. Die Latenzzeitverlängerung nach Doppelreiz weist zwar eine geringe Tendenz zur Erhöhung auf, signifikante Unterschiede ergaben sich jedoch nicht.

Die Besserung einer Polyneuropathie unter Thymoleptikatherapie bei Gabe von Pyridoxin legt den Gedanken nahe, daß subklinische Mangelzustände unter anderem einen Faktor in der Pathogenese von polyneuropathischen Beschwerden unter Thymoleptikatherapie darstellen können (188).

Unter der Therapie mit Lithium konnten drei Patienten untersucht werden, die zur Therapie einer Zyklothymie mit dieser Substanz behandelt wurden. Es handelte sich um zwei Männer im Alter von 34 und Jahren, die seit ca. 20 Jahren mit Lithium behandelt wurden sowie um eine vierzigjährige Frau, die seit zehn Jahren Lithium einnahm. Alle Patienten stellten sich ambulant in der Neurologischen Poliklinik der Universität Münster zur EEG-Ableitung vor. Klinisch und anamnestisch ergaben sich keine Hinweise auf eine Erkrankung des peripheren Nervensystems im Rahmen einer anderen Grunderkrankung. Zumindest in den letzten sechs Monaten wurden keine anderen Medikamente eingenommen.

Während die Latenzzeitverlängerung nach Doppelreiz bei einem Patienten im Normbereich war, wiesen die anderen Patienten mit 8,9 und 10,6 % einen deutlich pathologischen Wert im Vergleich zu den Normwerten auf. Die anderen neurophysiologischen Meßergebnisse wie Leitgeschwindigkeit des Nervus suralis und peronaeus und die distale Latenz des Nervus peronaeus lagen im Normbereich.

Während einer Therapie mit Lithium sind Veränderungen des peripheren Nervensystems bekannt geworden (199), die im allgemeinen eher selten auftreten, obwohl bei Überdosierung auch schwerste, generalisierte Polyneuropathien möglich sind (4). Eine Modulation der Repolarisationsfähigkeit peripherer Nerven unter dieser Substanz wurde auch schon von anderen Autoren beobachtet (18, 131). Die Bestimmung einer konventionellen Nervenleitgeschwindigkeit wies auch in diesen Publikationen bei weitgehend unauffälliger Klinik keine Veränderungen der Nervenleitgeschwindigkeit nach (18).

9.5 Latenzzeitverlängerung nach Doppelreiz bei Antiepileptika

Carbamazepin

Die medikamentöse Epilepsietherapie bedeutet in der Regel eine Langzeiteinnahme von Medikamenten über Jahre. Erste Beschreibungen einer Polyneuropathie unter Antiepileptika stammen wohl aus dem Jahr 1942 und betreffen die Substanz Phenytoin (73). In den letzten Jahren ist neben Phenytoin Carbamazepin (28, 42, 43, 194, 195, 270) vermehrt in den Mittelpunkt des Interesses gerückt.

Zur Frage, ob unter der Therapie mit Carbamazepin eine Funktionsänderung des Nervus suralis auftreten kann, wurden 15 Patienten klinisch und neurophysiologisch untersucht.

Alle Patienten hatten diese Medikation als antiepileptische Monotherapie erhalten. Andere Erkrankungen, die zur einer Funktionsstörung des peripheren Nervensystems führen können, lagen nicht vor. Carbamazepin stellte zum Untersuchungszeitpunkt die einzige Medikation dar.

Es handelte sich um sieben Männer und acht Frauen im Alter von 39 ± 16 Jahren (R = 17 - 61 Jahre), die über $3,6 \pm 4,4$ Jahre (R = 0,5 - 18 Jahre) Carbamazepin in einer mittleren Dosierung von 660 mg/die (R = 300 - 800 mg) eingenommen hatten.

Die klinisch-neurologische Untersuchung ergab bei allen Patienten einen unauffälligen Befund, auch Parästhesien oder kalte Extremitäten als Ausdruck einer diskreten Funktionsstörung wurden nicht festgestellt.

Die neurophysiologischen Messungen ergaben im Mittel für dieses Patientenkollektiv unter Carbamazepintherapie eine Latenzzeitverlängerung nach Doppelreiz von $7,4 \pm 3,5$ % (R

= 2,6 - 21,0 %) und eine Leitgeschwindigkeit des Nervus suralis von 48,4 ± 3,7 m/sec (R = 41,8 - 54,0 m/sec).

Verglichen mit den Normwerten (s. Kap. 6) war bei sieben Patienten die Latenzzeitverlängerung nach Doppelreiz pathologisch, während nur bei einem Patienten mit 41,8 m/sec die Leitgeschwindigkeit des Nervus suralis verlangsamt war.

Der Vergleich der Latenzzeitverlängerung nach Doppelreiz mit den ersten 15 etwa gleichalten Probanden des Normwertkollektivs (s. Kap. 6) zeigte eine statistisch signifikante Differenz zwischen beiden Kollektiven (p < 0,01, Wilcoxon-Test).

Die neurophysiologischen Untersuchungen weisen für die Latenzzeitverlängerung nach Doppelreiz eine statistisch signifikante Funktionsänderung im Vergleich zu einem Kollektiv ohne Carbamazepinapplikation nach, wobei jedoch auch die Leitgeschwindigkeit des Nervus suralis eine Tendenz zur Verminderung aufweist, die jedoch nicht ein statistisch signifikantes Ausmaß erreicht.

Funktionsänderungen peripherer Nerven wurden insbesondere unter Phenytoin ausführlich untersucht (42, 73, 114, 122, 194, 233, 270). In Ausnahmefällen können auch strukturelle Veränderungen auftreten (233). Unter einer abnehmenden Phenytoinmedikation konnte eine Zunahme der Leitgeschwindigkeit des Nervus suralis beobachtet werden, die eine deutliche Korrelation zum Plasmaspiegel des Phenytoins aufwies (42). Unter einer Therapie mit Carbamazepin trat dann wieder eine Verminderung der Leitgeschwindigkeit ein (42), während andere Autoren keine sicheren Veränderung der peripheren Nervenfunktion unter Carbamazepin fanden (174).

Die Latenzzeitverlängerung nach Doppelreiz weist die Veränderungen der peripheren Nervenfunktion unter der Medikation von Carbamazepin statistisch signifikant nach. Die klinischen Nebenwirkungen einer Therapie mit Carbamazepin scheinen mehr die sensiblen Anteile des peripheren Nervensystems zu betreffen, wobei Par- und Dysästhesien an erster Stelle zu nennen sind (270).

Die Ursache der Funktionsänderung des Nervus suralis dürfte in den speziellen pharmakologischen Eigenschaften dieser Substanz zu finden sein. Membranstabilisierende Effekte im zentralen Nervensystem tragen zur antikonvulsiven Wirkung bei (248). Die Kasuistiken von Benassi et alii (15) über Leitungsveränderungen am Herzen weisen darauf hin, daß weitere repolarisierbare Membranen im Organismus durch die Applikation von Carbamazepin in ihrer Funktion verändert werden (15).

Über eine Modulation abnormer Membranfunktionen nach Demyelinisierung ergeben sich Ansätze, den antineuralgischen Effekt von Carbamazepin zu erklären (255). Untersuchungen bei Patienten mit Polyneuropathie und antineuralgischer Medikation von Carbamazepin konnten jedoch keine Veränderung der Leitgeschwindigkeit unter Carbamazepin nachweisen (32). Eine Erklärung für die überraschende Ergebnisse dieser Publikation von Chakrabarti et alii (32) könnte darin bestehen, daß eventuell die funktionellen, metabolischen und strukturellen Veränderungen der vermessenen Nerven so weit fortgeschritten waren, daß eine weitere Verlangsamung der Repolarisation durch Carbamazepin nicht mehr erreicht werden konnte. Ein Hinweis darauf kann auch die Beobachtung sein, daß bei Polyneuropathien häufig kein zweites Aktionspotential nach Doppelreiz mehr auslösbar war (s. Kap. 8). Weitere Untersuchungen unter Einschluß der Doppelreiztechnik sind notwendig, um diesen interessanten Fragekomplex womöglich zu klären.

9.6 Latenzzeitverlängerung nach Doppelreiz bei Kalziumantagonisten

Flunarizin

Kalziumantagonisten gewinnen in der medikamentösen Therapie vieler Erkrankungen zunehmend an Bedeutung. Nifedipin, Verapamil und Diltiazem werden in der Inneren Medizin häufig angewandt. In der Neurologie wird Flunarizin zur Prophylaxe von Migräneanfällen eingesetzt, obwohl eine Zulassung für diese Indikation in Deutschland bisher nicht vorliegt. Die prophylaktische Therapie von Patienten mit Migräneanfällen im Rahmen einer Doppelblindstudie eröffnete die Möglichkeit, einer Funktionsänderung des Nervus suralis unter einer Therapie mit dem Kalziumantagonisten Flunarizin nachzugehen.

Das Patientenkollektiv bestand aus zehn Frauen und einem Mann im Alter von 38 ± 10 Jahren, die klinisch und anamnestisch keine Hinweise auf eine Erkrankung des peripheren Nervensystems aufwiesen. Flunarizin wurde in einer Dosierung von 20 mg abends über drei Monate appliziert.

Neurophysiologisch wurde vor Medikationsbeginn und unter der Therapie am Ende der Prophylaxe die Latenzzeitverlängerung nach Doppelreiz und die Leitgeschwindigkeit des Nervus suralis bestimmt.

Am Ende der Therapie ergab die klinisch-neurologische Untersuchung keine Befundänderung. Klagen über kalte Extremitäten oder Parästhesien wurden nicht geäußert.

Die Latenzzeitverlängerung nach Doppelreiz betrug vor der Applikation von Flunarizin im Mittel $6,3 \pm 2,2$ %, am Ende der Therapie fand sich ein Wert von $5,7 \pm 2,3$ %. Für die Leitgeschwindigkeit des Nervus suralis wurde im Mittel ein Anfangswert von $48,8 \pm 6,4$ m/sec bestimmt, am Ende der Prophylaxe zeigte sich ein Wert von $48,1 \pm 6,8$ m/sec.

Wenn auch unter der Gabe von Flunarizin die Latenzzeitverlängerung nach Doppelreiz eine Tendenz zur Verminderung aufweist, so ergibt sich unter Anwendung des Wilcoxon-Tests kein statistisch signifikanter Unterschied.

Die ausgeprägten Effekte der Kalziumantagonisten im zentralen Nervensystem (267) scheinen im periphen Nervensystem abgeschwächt zu sein. Ob möglicherweise die hämorheologischen Eigenschaften Ursache der Tendenz zur Abnahme der Latenzzeitverlängerung nach Doppelreiz ist (7), muß hier offengelassen werden.

Als Kombinationstherapie bietet sich Flunarizin aus rein neurophysiologischer Sicht aber eher an als die in der Praxis öfter beobachtete Kombination eines Betablockers mit Ergotamin (s. Kap. 9.2, 9.3).

10 Latenzzeitverlängerung nach Doppelreiz bei motorischer Systemdegeneration

Die Degeneration des motorischen Systems ist, wie degenerative Erkrankungen überhaupt, in den letzten Jahren vermehrt in den Mittelpunkt des wissenschaftlichen Interesses gerückt. Die Genese der Erkrankung bleibt nach wie vor unklar (232, 152). Es handelt sich um ein progressives Leiden, bei dem das Fehlen von Sensibilitätsstörungen ein wichtiges, differentialdiagnostisches Kriterium darstellt (104). Da die Latenzzeitverlängerung nach Doppelreiz gerade minimale Funktionsstörungen des sensiblen, peripheren Systems erfassen kann, wurde bei Patienten, die mit dem Syndrom einer motorischen Systemerkrankung stationär aufgenommen worden waren, neben konventionellen neurophysiologischen Techniken der Nervus suralis mit Doppelreizen stimuliert und die Latenzzeitverlängerung bestimmt.

Untersucht wurden insgesamt 19 Patienten im Alter von 52 $\pm$ 12 Jahren. Es handelte sich um zehn Frauen und neun Männer, bei denen die Erkrankung anamnestisch seit etwa zwei Jahren bestand. Die Methode und Technik der Ableitung von Aktionspotentialen des Nervus suralis und peronaeus erfolgte gemäß den Ausführungen der Kapitel 5 und 6, wobei jedoch der Nervus suralis bereits primär mit Nadelelektroden untersucht wurde. Die stationäre Abklärung ergab bei zwölf Patienten Befunde, die eine Beteiligung des motorischen Systems auch im Rahmen einer Grunderkrankung nicht ausschlossen, wie z. B. Diabetes, Alkoholkonsum, Kollagenosen, Lues, entzündliche Erkrankungen des Nervensystems oder Paraproteinämie.

Die neurophysiologische Untersuchung des Nervus suralis ergab bei acht Patienten pathologische Werte für die Latenzzeitverlängerung nach Doppelreiz, die im Mittel für diese Gruppe 12,2 $\pm$ 3,2 % (R = 8,4 - 17,2 %) betrug. Die Leitgeschwindigkeit des Nervus suralis war bei fünf Patienten herabgesetzt und betrug für diese Gruppe im Mittel 34,8 $\pm$ 11,6 m/sec (R = 34,5 - 42,0 m/sec). Bei einem Patienten war das Aktionspotential des Nervus suralis mit 2,1 μV erniedrigt, und bei einem weiteren Patienten war überhaupt kein Aktionspotential vom Nervus suralis ableitbar. Die distale Latenz des Nervus peronaeus war bei drei Patienten verlängert, die Leitgeschwindigkeit des Nervus peronaeus bei fünf Patienten. Die Amplitude des Antwortpotentials nach distaler Stimulation des Nervus peronaeus war bei sieben Patienten pathologisch.

Bei insgesamt sieben Patienten wurde im Laufe der stationären Abklärung eine motorische Systemdegeneration im Sinne einer myatrophischen Lateralsklerose diagnostiziert. Anhaltspunkte für eine symptomatische Genese des Krankheitsbildes ergaben sich nicht. Bei den sieben Patienten handelte es sich um vier Frauen und drei Männer im Alter von 54 $\pm$ 14 Jahren, bei denen die Erkrankung aufgrund der Anamnese vermutlich seit 1,7 $\pm$ 0,8 Jahren bestand. Klinisch zeigten sich Atrophien und Paresen der Muskulatur und Hinweise auf Störungen der zentralen motorischen Bahnen in Form von Reflexsteigerungen und pathologischen Fremdreflexen, während keine sicheren sensiblen Störungen bestanden. Elektromyographisch fanden sich Hinweise auf eine generalisierte Beteiligung des zweiten Motoneurons.

Die Ergebnisse der neurophysiologischen Untersuchungen des Nervus suralis lagen für alle diese Patienten im Normbereich. Die Latenzzeitverlängerung nach Doppelreiz betrug im Mittel 3,8 $\pm$ 2,4 % (R = 1,2 - 6,0 %), die Leitgeschwindigkeit des Nervus suralis 46,9 $\pm$ 2,6 m/sec (R = 46,2 - 51,8 m/sec), die Amplitude des Nervenaktionspotentials 8,2 $\pm$

5,2 μV (R = 3,2 - 19,0 μV). Die Meßergebnisse des Nervus peronaeus wiesen dagegen pathologische Werte auf. Bei fünf Patienten war die Amplitude des Antwortpotentials nach distaler Stimulation erniedrigt, der Mittelwert betrug 2,2 ± 1,3 mV (R = 0,4 - 4,2 mV). Die distale Latenz war bei einem Patienten pathologisch, der Mittelwert lag bei 4,2 ± 0,9 msec (R = 3,3 - 5,7 msec). Die Leitgeschwindigkeit des Nervus peronaeus war bei keinem Patienten außerhalb des definierten Normbereichs, der Mittelwert betrug 46,9 ± 2,6 m/sec (R = 44,5 - 51,8 m/sec).

Die neurophysiologische Untersuchung des Nervus suralis durch die Applikation von Doppelreizen und Bestimmung der Latenzzeitverlängerung ergab bei dem relativ kleinen Kollektiv keinen Anhaltspunkt für eine Beteiligung des peripheren sensiblen Systems. Auch die Ergebnisse der konventionellen Suralisneurographie waren unauffällig. Die Meßergebnisse des Nervus peronaeus entsprachen der Diagnose und sind auf den Verlust von Axonen zurückzuführen, die sich insbesondere in der reduzierten Amplitude des Antwortpotentials nach distaler Stimulation ausdrücken (104, 136, 171).

Die Diagnose einer myatrophischen Lateralsklerose erfolgt in erster Linie klinisch. Das Fehlen der Sensibilitätsstörungen stellt ein wichtiges differentialdiagnostisches Kriterium dar, das in Kombination mit dem typischen Befall des ersten und zweiten Motoneurons und den Ergebnissen der Elektromyographie die richtige Diagnose erlaubt (104). Gelegentlich wurden Sensibilitätsstörungen beobachtet, obwohl die Diagnose einer myatrophischen Lateralsklerose pathologisch- anatomisch bestätigt wurde (104, 232). Sensibilitätsstörungen können nach Lawyer und Mitarbeitern bei ca. 10 % der Patienten auftreten (152). Morphometrische Untersuchungen sensibler Nerven, Untersuchungen des axonalen Transports und somatosensorisch evozierte Potentiale belegen darüber hinaus die Beteiligung des sensiblen Systems bei der myatrophischen Lateralsklerose (22, 232). Die nachgewiesene fehlende sensible Beteiligung bei der Verdachtsdiagnose einer myatrophischen Lateralsklerose kann die abschließende Diagnose mit unterstützen. Pathologische Werte der Latenzzeitverlängerung nach Doppelreiz und der konventionellen Suralisneurographie sollten Anlaß zu sorgfältigen differentialdiagnostischen Überlegungen sein. Weiterhin wären insbesondere solche Patienten interessant, bei denen eine sensible Symptomatik bei gesicherter myatrophischer Lateralsklerose besteht. Die hohe Sensibilität und Spezifität der Latenzzeitverlängerung nach Doppelreiz zur Objektivierung auch minimaler Störungen des sensiblen, peripheren Systems gibt zu der Vermutung Anlaß, daß auch bei Patienten mit myatrophischer Lateralsklerose und minimaler sensibler Symptomatik entsprechende Latenzzeitverlängerungen nach Doppelreiz gefunden werden können.

11 Latenzzeitverlängerung nach Doppelreiz im Rahmen von Längsschnittuntersuchungen

Es ist zu erwarten, daß Längsschnittuntersuchungen den Wert neurophysiologischer Methoden in besonderer Weise darstellen.

Es wurden daher siebenundzwanzig Patienten mit einer HIV - Infektion und vierunddreißig Patienten mit einem Diabetes mellitus über einen längeren Zeitraum beobachtet.

Alle Untersuchungen wurden mit Oberflächenelektroden nach den bereits dargestellten Methoden durchgeführt (s. Kap. 5, 6, 7).

11.1 Längsschnittuntersuchungen bei HIV-Infizierten

Siebenundzwanzig Patienten mit einer HIV-Infektion wurden im Rahmen einer Screeninguntersuchung auf eine distal betonte, symmmetrische Polyneuropathie hin untersucht. Es handelte sich um fünf Frauen und zweiundzwanzig Männer im Alter von 32 ± 4 Jahren, bei denen die Diagnose seit $2,1 \pm 1,4$ Jahren laborchemisch gesichert war. Die zweite Untersuchung erfolgte nach $13,9 \pm 5,9$ Monaten.

Klinisch ergaben sich zum erstem Untersuchungszeitpunkt bei elf Patienten Hinweise auf eine Polyneuropathie in Form von Parästhesien, Hypästhesien, Verminderung der Vibrationsempfindung und einer Herabsetzung der Achillessehenreflexe. Bei der Kontrolluntersuchung fanden sich dagegen bei siebzehn Patienten klinische Befunde, die für eine Polyneuropathie sprachen.

Die neurophysiologischen Untersuchungen ergaben bei der Zweituntersuchung im Vergleich zur Erstuntersuchung bei 17 Patienten eine Zunahme der Latenzzeitverlängerung nach Doppelreiz und bei fünfzehn Patienten eine Abnahme der Leitgeschwindigkeit des Nervus suralis. Die Abbildungen 52 und 53 stellen die Ergebnisse graphisch dar. Statistisch war die Veränderung der Latenzzeitverlängerung nach Doppelreiz mit $p < 0,05$ signifikant (Vorzeichen-Test), die Abnahme der Leitgeschwindigkeit des Nervus suralis dagegen nicht. Eine Regressionsanalyse ergab für die Latenzzeitverlängerung nach Doppelreiz keine Korrelation zwischen den Werten der Erst- und Zweituntersuchung, was darauf hindeuten kann, daß die Veränderung der Latenzzeitverlängerung nach Doppelreiz während eine HIV-Infektion nicht vorhersehbar ist.

Klinisch ergibt die Langzeituntersuchung während einer HIV-Infektion eine Zunahme der klinischen Befunde, die für eine Polyneuropathie sprechen.

Die statistisch signifikante Veränderung der Latenzzeitverlängerung nach Doppelreiz ($p <$ 0,05) objiviert diese Progredienz. Die Latenzzeitverlängerung nach Doppelreiz stellt im Gegensatz zu den Nervenleitgeschwindigkeitsmessungen den ersten neurophysiologischen Parameter dar, der diesen Verlauf statistisch signifikant nachweist. Ho et alii (107) konnten das HIV-Virus aus dem Liquor und dem Nervengewebe isolieren. Der Befall des Nervensystems wird als Voraussetzung für die Entwicklung einer Polyneuropathie während dieser Infektion betrachtet (10, 192, 236, 264). Die Pathogenese wird jedoch kontrovers diskutiert. Lymphozyteninfiltrationen, Veränderungen der Basalmembranen, immunologische Mechanismen und ein "dying back" Prozeß werden für möglich gehalten (10, 19, 65, 107, 192, 236).

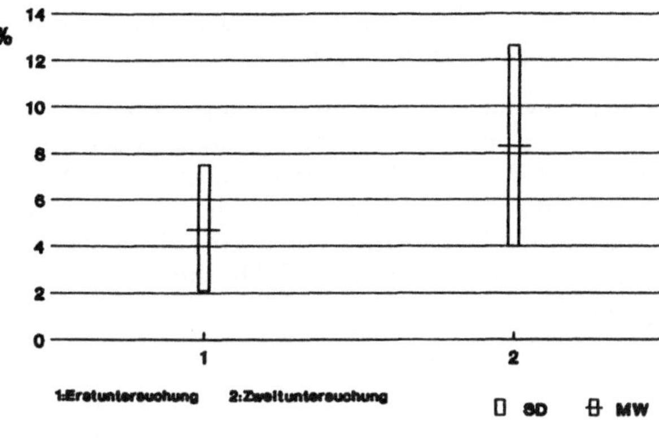

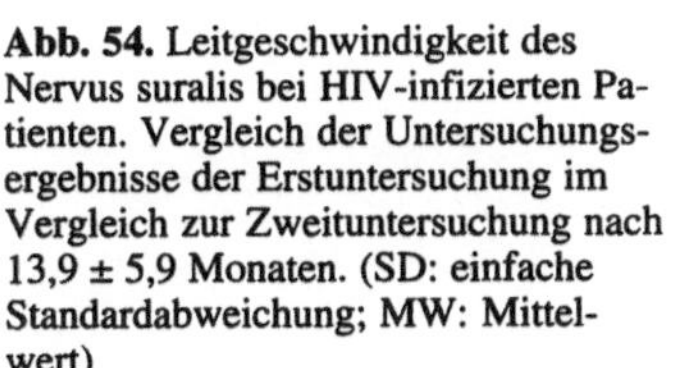

Abb. 53. Latenzzeitverlängerung nach Doppelreiz bei HIV-infizierten Patienten. Vergleich der Untersuchungsergebnisse der Erstuntersuchung im Vergleich zur Zweituntersuchung nach 13,9 ± 5,9 Monaten. (SD: einfache Standardabweichung; MW: Mittelwert)

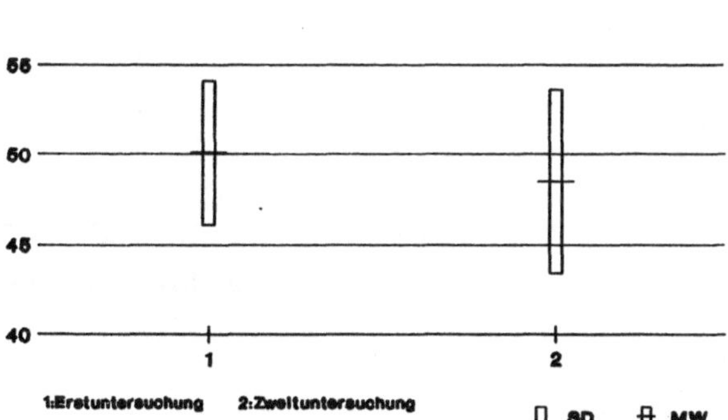

Abb. 54. Leitgeschwindigkeit des Nervus suralis bei HIV-infizierten Patienten. Vergleich der Untersuchungsergebnisse der Erstuntersuchung im Vergleich zur Zweituntersuchung nach 13,9 ± 5,9 Monaten. (SD: einfache Standardabweichung; MW: Mittelwert)

Bailey et alii (10) wiesen auf eine Störung des axoplasmatischen Transports hin, woraus sich metabolische und funktionelle Veränderungen ergeben dürften. Vermutlich stellt die Latenzzeitverlängerung nach Doppelreiz in Analogie zum Kapitel 9 das primäre Äquivalent dieses Prozesses dar. Als Konsequenz muß bei Patienten mit einer HIV-Infektion und einer Beteiligung des peripheren Nervensystems, die durch das pathologische Resultat der Latenzzeitverlängerung nach Doppelreiz objektiviert werden kann, eine Therapie mit Zidovudin diskutiert werden.

11.2 Längsschnittuntersuchungen bei Patienten mit Diabetes mellitus

Dreiundzwanzig Patienten mit einem Diabetes mellitus wurden in Hinblick auf eine distal betonte, symmmetrische Polyneuropathie klinisch und neurophysiologisch untersucht. Es handelte sich um dreizehn Frauen und zehn Männer im Alter von 54 ± 15 Jahren, bei denen der Diabetes seit 14,4 ± 8,8 Jahren bestand. Das Intervall zwischen den beiden Untersuchungen betrug 40,0 ± 8,9 Monate.

Klinisch ergaben sich zum erstem Untersuchungszeitpunkt bei vierzehn Patienten Hinweise auf eine Polyneuropathie in Form von Parästhesien, Hypästhesien, einer Verminderung der Vibrationsempfindung und einer Herabsetzung der Achillessehenreflexe. Bei der

Kontrolluntersuchung ergaben sich dagegen bei neunzehn Patienten klinisch Befunde, die für eine Polyneuropathie sprachen.

Die neurophysiologischen Untersuchungen ergaben bei der Zweituntersuchung im Vergleich zur Erstuntersuchung bei 17 Patienten eine Zunahme der Latenzzeitverlängerung nach Doppelreiz und bei dreizehn Patienten eine Abnahme der Leitgeschwindigkeit des Nervus suralis. Die Abbildungen 53 und 54 stellen diese Ergebnisse graphisch dar. Statistisch war die Veränderung der Latenzzeitverlängerung nach Doppelreiz mit p < 0,01 signifikant (Vorzeichen-Test), die Abnahme der Leitgeschwindigkeit des Nervus suralis dagegen nicht.

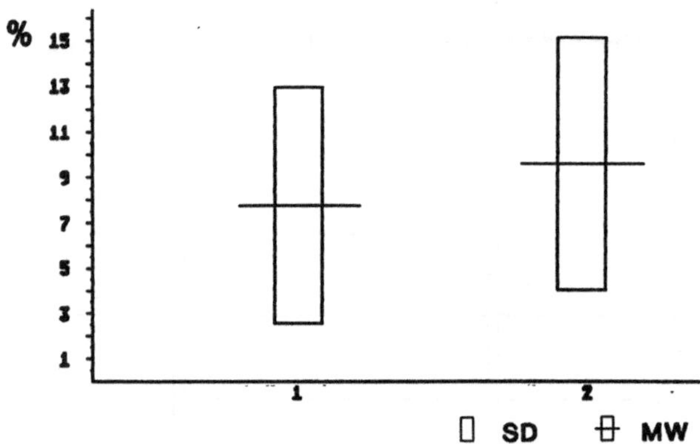

Abb. 55. Latenzzeitverlängerung nach Doppelreiz bei Patienten mit Diabetes mellitus. Vergleich der Untersuchungsergebnisse der Erstuntersuchung (1) im Vergleich zur Zweituntersuchung (2) nach 40,0 ± 8,9 Monaten. (SD: einfache Standardabweichung; MW: Mittelwert)

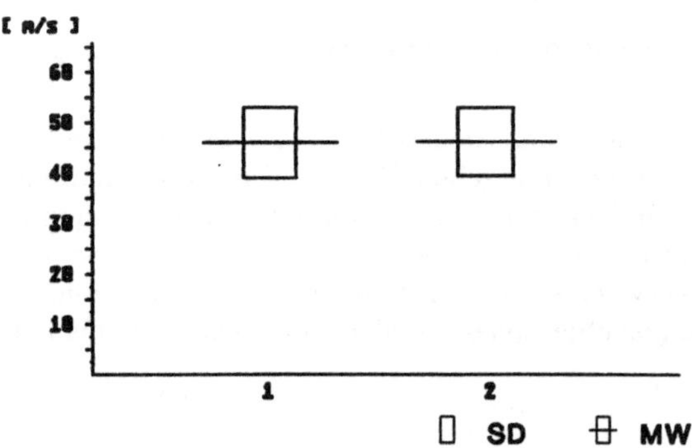

Abb. 56. Leitgeschwindigkeit des Nervus suralis bei Patienten mit Diabetes mellitus. Vergleich der Untersuchungsergebnisse der Erstuntersuchung (1) im Vergleich zur Zweituntersuchung (2) nach 40,0 ± 8,9 Monaten. (SD: einfache Standardabweichung; MW: Mittelwert)

Klinisch ergibt die Langzeituntersuchung während eines Diabetes mellitus eine Zunahme der klinischen Befunde, die für eine Polyneuropathie sprechen. Diese Beobachtung steht im Einklang mit den Ergebnissen, die bereits im Kapitel 8 geschildert wurden, wo die Patienten mit einer längeren Erkrankungsdauer gravierendere klinische Symptome aufwiesen. Die Persistenz der metabolischen Störung führt zu einer Progredienz der klinischen Symptomatik, die durch die Latenzzeitverlängerung nach Doppelreiz früher als durch die Bestimmung der Leitgeschwindigkeit des Nervus suralis zu objektivieren ist. Die statistisch signifikanten Veränderung der Latenzzeitverlängerung nach Doppelreiz (p < 0,01) weist auf den paränetischen Konspekt dieser Methode hin, weil sich für die Leitgeschwindigkeit des Nervus suralis keine statistisch signifikante Veränderung im untersuchten Zeitraum ergab. Da die axonale Dysfunktion mit Veränderungen der Natriumpermeabilität der paranodalen Demyelinisierung vorausgeht (23), ist zu überlegen, ob die Latenzzeitverlängerung nach Doppelreiz nicht bereits diese initialen Veränderungen erfaßt.

Die Latenzzeitverlängerung nach Doppelreiz stellt somit eine besonders empfindliche
Methode dar, die den Verlauf chronischer Erkrankungen des peripheren Nervensystems
frühzeitiger als andere neurophysiologische Methoden dokumentiert und Anlaß sein kann,
das therapeutische Vorgehen zu modifizieren.

12 Zusammenfassung

Die Arbeit stellt die Methodik, Normwerte und klinische Anwendung bei Polyneuropathien und medikamentös induzierten Funktionsstörungen für die Latenzzeitverlängerung nach Doppelreiz dar. Diese Ergebnisse werden mit den Resultaten der konventionellen Untersuchungsmethoden des Nervus suralis und peronaeus verglichen.

Zur Bestimmung von Normwerten für den Nervus suralis wurden 173 Probanden mit Oberflächenelektroden und 75 Probanden mit Nadelelektroden untersucht. Die Aufnahmekriterien in dieses Kollektiv wurden streng gewählt. Patienten ohne manifeste Erkrankung des Nervensystems aber unter Dauermedikation aus internistischer Sicht - z. B. Digitalis - wurden ausgeschlossen. Daher sind ältere Patienten zahlenmäßig unterrepräsentiert. Es wurden lediglich orale Kontrazeptiva bei Frauen toleriert.

Bei konstanten technischen Parametern und konstanter Ableitmethode wurden am Nervus suralis Doppelreize in einem Intervall von 3 msec appliziert. Die Werte für die Latenzzeitverlängerung nach Doppelreiz, die Amplitudenreduktion nach Doppelreiz, die Amplitude des Nervenaktionspotentials, die Leitgeschwindigkeit und die Potentialbreite des Nervus suralis waren nicht normal verteilt.

Der Nervus peronaeus wurde bei 106 Probanden zur Erstellung von Normwerten vermessen, es wurden die gleichen Auswahlkriterien für die Probanden gewählt. Bestimmt wurde die Leitgeschwindigkeit, die distale Latenz und die Amplitude des Antwortpotentials nach distaler Reizung. Auch diese Ergebnisse waren nicht normal verteilt.

Die unterschiedliche Verteilung der Werte für die Latenzzeitverlängerung nach Doppelreiz und für die Leitgeschwindigkeit des Nervus suralis gibt einen deutlichen Hinweis darauf, daß mit der Doppelreiztechnik Veränderungen der Nervenfunktion erfaßt werden, die mit den anderen Methoden nicht nachgewiesen werden können. Obwohl für die Ableitung mit Oberflächenelektroden mit 173 Probanden ein großes Kollektiv untersucht wurde, war die Anwendung analytisch - statistischer Methoden nur eingeschränkt möglich, da keine Normalverteilung vorlag. Daher wurde deskriptiven Verfahren der Vorrang eingeräumt und die Spanne der gefundenen Werte sowohl für den Nervus suralis als auch für den Nervus peronaeus als Normbereich definiert.

Bereits die technischen Geräteparameter (z. B. Filtereinstellungen) beeinflussen die Signaldarstellung und damit das Meßergebnis. Sie können jedoch insgesamt als konstante Größe betrachtet werden, wenn keine Änderung vorgenommen wird.

Der Einfluß biologischer und technisch - methodisch bedingter Faktoren auf die Normwerte wurde gesondert analysiert. Es konnte keine Korrelation der Normwerte zur Körpergröße, zum Geschlecht und zur Tageszeit gefunden werden, lediglich für die Amplitude des Nervenaktionspotentials des Nervus suralis bei Ableitung mit Nadelelektroden ergab sich eine Korrelation zum Alter der Probanden, während für die übrigen Parameter keine Abhängigkeit nachzuweisen war.

Die Grundproblematik dieser Abhängigkeit besteht in der Abgrenzung des physiologischen Alterungsprozesses von der Summme subklinischer Faktoren, die mit zunehmendem Alter ebenfalls zu einer Funktionsveränderung peripherer Nerven führen.

Die exponentiale Abhängigkeit der Latenzzeitverlängerung nach Doppelreiz von der Temperatur ließ es notwendig erscheinen, diese Problematik zu untersuchen. Mit zwei parallel geschalteten Temperaturmeßeinheiten wurden Temperaturprofile der Haut über dem

Nervus suralis erstellt. Es konnte gezeigt werden, daß eine Verschiebung des Temperaturmeßpunktes um 6 cm zu statistisch signifikant unterschiedlichen Normwerten für die Latenzverzögerung nach Doppelreiz und die Leitgeschwindigkeit des Nervus suralis führt. Es ist daher nicht ausreichend, die Temperatur an einer beliebigen Stelle über einem Nerven zu messen, sondern die Position des Temperaturmeßfühlers und des Infrarotheizelements stellen einen wesentlichen Faktor der Standardisierungsbedingungen dar, der nicht verändert werden darf.

Für die Ableitung von Nervenaktionspotentialen mit Oberflächenelektroden hat sich kein einheitlicher Typ durchgesetzt. An 20 Probanden wurde die Latenzzeitverlängerung nach Doppelreiz und die Leitgeschwindigkeit des Nervus suralis mit vier Elektroden verschiedener Bauart bestimmt. Während die Latenzzeitverlängerung nach Doppelreiz keine signifikanten Differenzen aufwies, ergaben sich für die Leitgeschwindigkeit statistisch signifikante Unterschiede. Es ist anzunehmen, daß die Elektroden nicht nur Leitungsfunktion besitzen, sondern auch Kondensatoreigenschaften in die Ableitkette einbringen, die Ursache der unterschiedlichen Leitgeschwindigkeiten sind.

Bei 168 Patienten mit Diabetes mellitus, 41 mit einer HIV-Infektion, 35 mit Tumoren unterschiedlicher Genese, 28 bei einer Alkoholkrankheit, 27 bei Kollagenosen und 13 mit einer akuten myeloischen Leukämie wurden Studien zur Latenzzeitverlängerung nach Doppelreiz durchgeführt.

Untersucht wurden 98 männliche und 70 weibliche Patienten im Alter von 54 ± 16 Jahren (MW $\pm$ S1), bei denen der Diabetes mellitus seit $13,3 \pm 9,5$ Jahren (MW $\pm$ S1) bestand. Die Latenzzeitverlängerung nach Doppelreiz stellte bei diesem Kollektiv den häufigsten pathologischen neurophysiologischen Parameter im Vergleich zu den übrigen neurophysiologischen Meßmethoden dar. In Korrelation zu den klinischen Befunden zeigte sich, daß die Latenzzeitverlängerung nach Doppelreiz insbesondere frühe Stadien der Involvierung des peripheren Nervensystems mit geringer klinischer Symptomatik objektiviert. Untersuchungen zeigten eine Korrelation zwischen hämorheologischen Parametern und der Latenzzeitverlängerung nach Doppelreiz, die sich daher besonders zur neurophysiologischen Verlaufsbeobachtung einer Therapie anbietet.

Bei 28 Patienten im Alter von 53 ± 11 Jahren (MW $\pm$ S1) war ein chronischer Alkoholkonsum die Ursache der Polyneuropathie. Die Alkoholkrankheit bestand nach Angaben der Patienten seit $9,6 \pm 7,3$ Jahren (MW $\pm$ S1). Während bei 20 Patienten die Latenzzeitverlängerung nach Doppelreiz pathologisch war, ergab sich nur bei 9 Patienten eine Verlängerung der Leitgeschwindigkeit des Nervus suralis. Die Veränderung der Refraktärität bei chronischem Alkoholkonsum soll durch einen Wechsel der Membraneigenschaften verursacht werden. Pathogenetisch sollen entweder das Myelin oder aber die Axone geschädigt werden. Die Latenzzeitverlängerung nach Doppelreiz erfaßt anscheinend unabhängig vom Schädigungsmuster die veränderte Funktion des Nervus suralis auf funktionell-metabolischer oder struktureller Ebene. Da bereits "gesunde Raucher" eine erhöhte Latenzzeitverlängerung nach Doppelreiz aufweisen und die meisten Alkoholiker rauchen, stellt chronischer Zigarettenkonsum wahrscheinlich einen wesentlichen Kofaktor der alkoholischen Polyneuropathie dar.

Zur Inzidenz der Latenzzeitverlängerung nach Doppelreiz bei Polyneuropathien durch Tumoren wurden 35 Patienten im Alter von 55 ± 13 Jahren (MW $\pm$ S1) untersucht. Es handelte sich überwiegend um Tumoren der Lunge, Prostata, Mamma und des Uterus. Die Patienten wurden präoperativ untersucht, eine Chemotherapie lag nicht vor. Bei 22 Patienten war die Latenzzeitverlängerung nach Doppelreiz pathologisch. Es zeigt sich, daß das periphere Nervensystem in höherem Maße als häufig angenommen bei Tumoren durch eine Polyneuropathie mitbetroffen zu sein scheint. Während einer Chemotherapie kann die Latenzzeitverlängerung nach Doppelreiz in der Verlaufskontrolle angewandt werden, um bei disproportionaler Progredienz der Polyneuropathie therapeutische Konsequenzen zu ziehen.

HIV-infizierte Patienten gewinnen in letzter Zeit zunehmend auch in der Neurologie an Bedeutung. 41 Patienten unterschiedlicher Stadien wurden im Rahmen eines Screenings untersucht. 17 Patienten wiesen klinische Zeichen einer Polyneuropathie auf. Die Latenzzeitverlängerung nach Doppelreiz war der häufigste pathologische neurophysiologische Parameter. In den weiter fortgeschrittenen Erkrankungsstadien war eine Zunahme der pathologischen Parameter festzustellen. Die Drogenabhängigen waren im Vergleich zum übrigen Kollektiv nicht häufiger von einer Polyneuropathie betroffen. Die Latenzzeitverlängerung nach Doppelreiz ermöglicht bei HIV-Infizierten den frühesten Nachweis einer Beteiligung des peripheren Nervensystems. Es ist zu überlegen, ob nicht eine pathologische Latenzzeitverlängerung nach Doppelreiz unabhängig von anderen internistischen Parametern Anlaß sein sollte, eine Therapie mit Zidovudin zu beginnen.

Kollagenosen stellen seltenere Ursachen einer Polyneuropathie dar. Es wurden 27 Patienten im Alter von 54 ± 12 Jahren (MW ± S1) untersucht, bei denen die Erkrankung seit 5,0 ± 4,5 Jahren (MW ± S1) bestand. Bei 22 Patienten war die Latenzzeitverlängerung nach Doppelreiz pathologisch und bei 9 Patienten die Leitgeschwindigkeit des Nervus suralis. Die Beteiligung des peripheren Nervensystems ist bei Kollagenosen damit in einem höheren Maße vorhanden als bislang vermutet, wobei ischämisch-vaskuläre Mechanismen in der Pathogenese führend sein sollen.

Als Screeninguntersuchung wurden 13 Patienten mit einer von internistischer Seite gesicherten akuten myeloischen Leukämie klinisch und neurophysiologisch untersucht. Der vermutliche Erkrankungsbeginn ließ sich 7 ± 5 Monate (MW ± S1) zurückverfolgen. Klinisch ergaben sich bei 39 % der Patienten Hinweise auf eine Polyneuropathie, die Latenzzeitverlängerung nach Doppelreiz war der häufigste pathologische neurophysiologische Parameter.

Bei 103 Patienten mit einer Polyneuropathie verschiedener Genese wurden vergleichende Untersuchungen mit Oberflächen- und Nadelelektroden durchgeführt. Die Ergebnisse beider Methoden sind bis auf die bereits beschriebenen technisch induzierten Unterschiede vergleichbar. Patienten, bei denen mit Oberflächenelektroden kein Potential abzuleiten war, wiesen im Durchschnitt eine fast doppelt solange Erkrankungsdauer auf wie das übrige Kollektiv. Es muß daher davon ausgegangen werden, daß im Laufe der Grunderkrankung, z. B. eine Diabetes mellitus, die strukturellen Veränderungen des Nervus suralis soweit fortschreiten, daß schließlich die vom Nerven generierten Potentialdifferenzen nicht mehr ausreichen, den Gewebswiderstand bis zur Hautoberfläche zu überwinden. Bei technisch einwandfreier Untersuchungsdurchführung ist ein fehlendes Aktionspotential pathognomonisch für eine schwere Schädigung des Nervus suralis.

Die Studien zur Latenzzeitverlängerung nach Doppelreiz bei Rauchern und Neuropsychopharmaka setzen sich z. T. mit pharmakogenen Effekten im peripheren Nervensystem auseinander. Klinisch finden sich bei diesen Patientenkollektiven nur vereinzelt minimale klinische Befunde wie z. B. Parästhesien.

Da Nebenwirkungen des Zigarettenrauchens in vielen Organsystemen bekannt sind, wurde bei 34 Rauchern, 34 Nichtrauchern und 19 Exrauchern die Latenzzeitverlängerung nach

Doppelreiz und die Leitgeschwindigkeit des Nervus suralis bestimmt. Das Raucherkollektiv konsumierte seit $13{,}8 \pm 9{,}5$ Jahren im Mittel $17{,}3 \pm 6{,}7$ Zigaretten (MW $\pm$ S1), die Exraucher hatten seit $3{,}6 \pm 3{,}2$ Jahren (MW $\pm$ S1) das Rauchen eingestellt. Für die Raucher ergab sich im Mittel eine Latenzzeitverlängerung nach Doppelreiz von $5{,}8 \pm 1{,}5$ % (MW $\pm$ S1), für die Exraucher von $3{,}9 \pm 1{,}9$ % (MW $\pm$ S1) und für die Nichtraucher von $2{,}6 \pm 1{,}2$ % (MW $\pm$ S1). Die Latenzzeitverlängerung nach Doppelreiz war zwischen diesen Kollektiven statistisch signifikant different, während sich für die Leitgeschwindigkeit des Nervus suralis nur eine Tendenz zur Verlangsamung für die Raucher zeigte. Chronischer Zigarettenkonsum führt zu einer Dysfunktion des Nervus suralis, der sich nur durch die Applikation von Doppelreizen signifikant erfassen läßt. Es erscheint daher notwendig, die Frage der Altersabhängigkeit der Funktion peripherer Nerven auch unter dem Aspekt eines chronischen Zigarettenkonsums zu diskutieren, wenn der Anteil an Rauchern in der Bevölkerung ca. 40 % beträgt. Ursache der Dysfunktion des Nervus suralis bei Rauchern sind vermutlich hämorheologische Veränderungen.

Zur Frage einer Dysfunktion des Nervus suralis unter der Therapie mit Betablockern wurden zwei Studien doppelblind und prospektiv durchgeführt. 16 Patienten erhielten Propranolol (120 mg/die) und 13 Patienten Metoprolol (200 mg/die) über jeweils 12 Wochen. Im Kollektiv unter Propranolol stieg die Latenzzeitverlängerung nach Doppelreiz von $3{,}5 \pm 1{,}6$ % (MW $\pm$ S1) auf $9{,}0 \pm 3{,}7$ % (MW $\pm$ S1) an und im Kollektiv unter Metoprolol von $5{,}2 \pm 1{,}8$ % (MW $\pm$ S1) auf $7{,}6 \pm 2{,}4$ % (MW $\pm$ S1). Für die anderen Parameter des Nervus suralis ergaben sich dagegen keine statistisch signifikanten Differenzen. Als Ursache dieser Funktionsveränderungen ist an eine membranstabilisierende Komponente oder aber an mögliche Interaktionen mit Betarezeptoren peripherer Nerven zu denken, wobei sich Parallelen zur Veränderung kardialer Funktionen unter Betablockern am Herzen ergeben. Die Veränderungen der Latenzzeitverlängerung nach Doppelreiz sind nach Absetzen der Medikation reversibel.

Polyneuropathien können gelegentlich unter der Therapie mit Ergotaminderivaten beobachtet werden. Zur Frage, ob diese Substanzen zu einer systemischen Dysfunktion des Nervus suralis führen, wurden insgesamt 144 Patienten untersucht. 78 Patienten standen unter einer Therapie mit Ergotamin, 34 unter einer Therapie mit Dihydroergotamin und 14 unter einer Therapie mit Lisurid. Während die Untersuchungen zu den ersten beiden Substanzen als Querschnittsuntersuchung durchgeführt wurden, erfolgte die Untersuchung zu Lisurid als prospektive Doppelblindstudie. Die Patienten wurden sowohl nach der klinischen Symptomatik in drei Gruppen mit keinen Beschwerden, kalten Extremitäten und Parästhesien, als auch nach der durchschnittlichen Dosis pro Tag während der letzten sechs Monate in drei Gruppen mit niedriger, mittlerer und hoher Dosierung eingeteilt. Nur die Patienten unter einer Therapie mit Ergotamin gaben Parästhesien an. Eingeteilt nach klinischen Kriterien war die Latenzzeitverlängerung nach Doppelreiz nur in den Gruppen unter Ergotamineinnahme statistisch signifikant different, jedoch nicht für die Gruppen unter Therapie mit Dihydroergotamin und Lisurid. Differenziert nach der durchschnittlichen Dosis pro Tag zeigte sich, daß lediglich unter Ergotamin ein statistisch signifikanter Anstieg der Latenzzeitverlängerung nach Doppelreiz in Abhängigkeit von der applizierten Menge nachgewiesen werden konnte. Eine solche Beziehung konnte nicht für Lisurid oder Dihydroergotamin gefunden werden. Die Leitgeschwindigkeit des Nervus suralis war weder in der Aufteilung nach klinischen Befunden noch in der Aufteilung nach der durchschnittlichen Dosis statistisch signifikant different. Um weitere Aussagen zum Ergotamineffekt machen zu können, wurde bei 20 Patienten der Nervus suralis mit Nadelelektroden abgeleitet. Abgesehen von der Latenzzeitverlängerung nach Doppelreiz waren alle Parameter im Normbereich. Veränderungen der peripheren Nervenfunktion unter Ergotamin werden in erster Linie auf vaskuläre Störungen zurückgeführt. Ein direkter neurotoxischer Effekt wird bezweifelt. Die katalytische Hydrierung von Ergotamin vermindert die Toxizität um ein Vielfaches, zusätzlich verändert sich die kontraktile Wirkung auf die glatte Musulatur. Diese vaskuläre Hypothese könnte die unterschiedlichen Wirkungen der drei Substanzen auf die Latenzzeitverlängerung nach Doppelreiz als Ergebnis der unterschiedlichen Vasokonstriktion interpretieren, die auf metabolischer Grundlage die Latenzzeitverlängerung nach Doppelreiz beeinflußt. Im Gegensatz zu den kasuistischen Berichten besitzt Ergotamin im peripheren Nevrnsystem jedoch einen systemischen Effekt, auf dessen Basis es vermutlich bei individueller Disposition zu gravierenden Beschwerden kommen kann.

Die Auswirkungen der Thymoleptika Amitriptylin, Imipramin, Citalopram und Paroxetin auf den Nervus suralis wurden in prospektiven Studien doppelblind untersucht. Bei keiner dieser Substanzen konnte ein signifikanter Effekt auf das periphere Nervensystem nachgewiesen werden. Auch für den Kalziumantagonisten Flunarizin konnte nach Applikation über drei Monate keine Veränderung der Latenzzeitverlängerung nach Doppelreiz gefunden werden.

Zur Frage, ob unter der Therapie mit Carbamazepin eine Funktionsänderung des Nervus suralis auftreten kann, wurden 15 Patienten klinisch und neurophysiologisch untersucht. Alle Patienten nahmen Carbamazepin als Monotherapie. Es handelte sich um sieben Männer und acht Frauen im Alter von 39 $\pm$ 16 Jahren (MW $\pm$ S1), die über 3,6 $\pm$ 4,4 (MW $\pm$ S1) Jahre Carbamazepin in einer durchschnittlichen Dosierung von 660 mg/die eingenommen hatten. Neurophysiologisch ergab sich eine Latenzzeitverlängerung nach Doppelreiz von 7,4 $\pm$ 3,5 % (MW $\pm$ S1) und eine Leitgeschwindigkeit des Nervus suralis von 48,4 $\pm$ 3,7 m/sec (MW $\pm$ S1). Statistisch waren die Latenzzeitverlängerung nach Doppelreiz im Vergleich zu den ersten 15 Probanden des Normwertkollektives signifikant different, jedoch nicht die Leitgeschwindigkeit des Nervus suralis. Der individuelle Vergleich mit den Normalwerten zeigte, daß bei sieben Patienten die Latenzzeitverlängerung nach Doppelreiz pathologisch war, während nur bei einem Patienten die Leitgeschwindigkeit des Nervus suralis mit 41,8 m/sec vermindert war. Als Ursache der Funktionsänderung des Nervus suralis unter der Therapie mit Carbamazepin ist z.B. der membranstabilisierende Effekt dieser Substanz zu nennen.

Degenerative Erkrankungen sind in den letzten Jahren vermehrt in den Mittelpunkt wissenschaftlichen Interesses gerückt. 19 Patienten mit einer motorischen Systemerkrankung im Alter von 52 $\pm$ 12 Jahren (MW $\pm$ S1), bei denen die Erkrankung anamnestisch seit etwa 2 Jahren bestand, wurden klinisch und neurophysiologisch untersucht. Die stationäre Abklärung ergab bei 12 Patienten Befunde, die auf eine motorische Systemdegeneration symptomatischer Genese hinwiesen. Bei acht Patienten diese Gruppe war die Latenzzeitverlängerung nach Doppelreiz pathologisch und bei fünfen die Leitgeschwindigkeit des Nervus suralis. Nur bei sieben Patienten wurde am Ende der stationären Abklärung eine motorische Systemdegeneration im Sinne einer myatrophischen Lateralsklerose diagnostiziert, bei ihnen waren alle neurophysiologischen Parameter des Nervus suralis normwertig. Obwohl gelegentlich auch bei einer myatrophischen Lateralsklerose sensible Störungen auftreten sollen, sollten pathologische Werte der Latenzzeitverlängerung nach Doppelreiz und der Suralisneurographie Anlaß zur Skepsis und sorgfältigen differentialdiagnostischen Überlegungen sein, um keine symptomatische Genese der motorischen Systemdegeneration zu übersehen.

Bei 27 Patienten im Alter von 32 $\pm$ 4 Jahren (MW $\pm$ S1), bei denen die HIV-Infektion seit 2,1 ± 1,4 Jahren (MW ± S1) bestand, wurden nach 13,9 ± 5,9 Monaten (MW ± S1) Nachuntersuchungen durchgeführt. Klinisch wiesen zum Zeitpunkt der Erstuntersuchung 11 Patienten und zum Zeitpunkt der Nachuntersuchung 18 Patienten Hinweise auf eine Polyneuropathie auf. Nur die Latenzzeitverlängerung war im Sinne einer Verschlechterung der peripheren Nervenfunktion statistisch signifikant different im Vergleich zu den Vorergebnissen, alle anderen Parameter des Nervus suralis und peronaeus wiesen keine signifikante Differenz auf. 23 Patienten mit Diabetes mellitus seit 14,4 ± 8,8 Jahren (MW ± S1) wurden nach 40,0 ± 8,9 Monaten (MW ± S1) nachuntersucht. Klinisch fanden sich zum ersten Untersuchungszeitpunkt bei 14 Patienten Hinweise für eine Polyneuropathie und bei der Nachuntersuchung bei 19 Patienten. Neurophysiologisch ergab sich bei 17 Patienten eine Verschlechterung der Latenzzeitverlängerung nach Doppelreiz und bei 13 Patienten eine Abnahme der Leitgeschwindigkeit des Nervus suralis im Vergleich zur Ausgangsuntersuchung. Die Differenzen für die Latenzzeitverlängerung nach Doppelreiz waren satistisch signifikant, jedoch nicht für die die übrigen Parameter des Nervus suralis und des Nervus peronaeus.

Langzeituntersuchungen bei Patienten mit Polyneuropathie wegen eines Diabetes mellitus oder einer HIV-Infektion legen dar, daß die Latenzzeitverlängerung nach Doppelreiz bereits statistisch signifikant die Progredienz der pathologischen Veränderungen des Nervus suralis zu einem Zeitpunkt nachweist, wo diese Progredienz durch die Leitgeschwindigkeit des Nervus suralis oder peronaeus noch nicht objektiviert werden kann. Diese Progredienz ist von einer Zunahme klinischer Befunde, die auf eine Polyneuropathie hinweisen, begleitet.

Die Anwendung von Doppelreizen und Bestimmung der Latenzzeitverlängerung stellt sich als eine sehr empfindliche neurophysiologische Technik dar, die Veränderungen der peripheren Nervenfunktion frühzeitiger als konventionelle Techniken objektiviert. Damit eröffnet sich die Möglichkeit Funktionsveränderungen des peripheren Nervensystems frühzeitiger als bisher zu objektivieren und gegebenenfalls die therapeutischen Strategien zu modifizieren. Eine Veränderung der Latenzzeitverlängerung nach Doppelreiz bedeutet nicht zwangsläufig, daß eine Polyneuropathie vorliegt, sondern diese Technik erfaßt auch reversible Funktionsveränderungen. Die Wertung einer pathologischen Latenzzeitverlängerung nach Doppelreiz kann nur bei genauer Kenntnis der Anamnese und der klinischen Befunde erfolgen, da nur ein geringer Teil verfügbarer Pharmaka in ihren Einwirkungen auf die Refraktärität untersucht worden sind.

In der Medizin besteht die Entwicklung von einer kurativen zu einer präventiven Medizin, die entstehende Erkrankungen möglichst frühzeitig diagnostizieren und therapieren will. Die Anwendung von Doppelreizen und Berechnung der Latenzzeitverlängerung ist daher z. B. als begleitende Verlaufskontrolle bei Erkrankungen des peripheren Nervensystems besonders geeignet, um Veränderungen frühzeitig zu objektivieren und das therapeutische Vorgehen zu modifizieren. Weitere interessante Einsatzmöglichkeiten sind im arbeitsmedizinischen und toxikologischen Bereich zu finden, wo an präventive Untersuchungen bei Umgang mit neurotoxischen Substanzen, Metallen oder aber lipophilen Chemikalien zu denken ist.

13 Literaturverzeichnis

1 Actil AA, Shahani BT, Young RR, Rubin NE (1981): Late response and sural nerve conduction studies. Usefullness in patients with chronic renal failure. Arch Neurol 38:482-485

2 Aiello I, Serra G, Gilli P, Manca M, De Bastiani P, Fioli F (1982): Uremic Neuropathy: Correlations between Electroneurographic Parameters and Serum Levels of Parathyroid Hormone and Aluminium. Eur Neurol 21:396-400

3 Alfonsi E, Merlini GP, Giorgetti A, Ceroni M, Piccolo G, Agostinis C, Savoldi F (1987): Temperature-related changes in sensory nerve conduction: studies in normal subjects and in patients with paraproteinaemia. Eelectromyogr clin Neurophysiol 27:277-282

4 Ammon A (1986): Arzneimittelneben- und Wechselwirkungen. 2. Aufl. Wissenschaftliche Verlagsgesellschaft, Stuttgart

5 Antoni H (1980): Funktion des Herzens. In: Schmidt RF, Thews G (Hrsg) Physiologie des Menschen. Springer Verlag, Berlin Heidelberg New York

7 Bader H (1985): Lehrbuch der Pharmakologie und Toxikololgie. 2. Aufl. VCH Verlagsgesellschaft, Weinheim

8 Bätz B, Fleischmann D, Wabner D (1984): Zur Pflege von Elektroden. Ein Vergleich von gesinterten Silber-Silberchloridelektroden mit herkömmlichen Elektroden. EEG-Labor 6:101-113

9 Bailey AA, Sayre GP, Clark EC (1956): Neuritis associated with systemic lupus erythematosus. A report of five cases, with necropsy in two. Arch Neurol Psychiatry 75:251-259

10 Bailey RO, Baltch AL, Venkatesh R, Singh JK, Bishop MB (1988). Sensory motor neuropathy associated with AIDS. Neurology 38:886-891

11 Baumhackel U, Eggerth H (1978): Polyneuropathien bei Reticulosarkomen. Verh Dtsch Ges Inn Med 83:1077-1079

12 Behse F, Buchthal F (1971): Normal sensory conduction in the nerves of the leg in man. J Neurol Neurosurg Psychiat 34:404-414

13 Behse F, Buchthal F (1978): Sensory Action Potentials and Biopsy of The Sural nerve in Neuropathy. Brain 101: 473-493

14 Behse F (1981): Über die Bedeutung der Nervenbiopsie in der klinischen Diagnostik von Polyneuropathien. Nervenarzt 52:677-684

15 Benassi E, Bo GP, Cocito L, Maffini M, Loeb C (1987): Carbamazepine and Cardiac Conduction Disturbances. Ann Neurol 22:280-281

16 Berlit P, Möller P, Krause KH (1982): Eosinophile Polyneuritis und allergische Angiitis. Nervenarzt 35:714-720

17 Berlit P, Gerhardt H, Huck K, Diezler P (1986): Ergotismus mit cerebralen Komplikationen. Schweiz Med Wschr 116:440-445

18   Betts RP, Paschalis C, Jarrat JA, Jenner FA (1978): Nerve fibre refractory period in Patients treated with Rubidium and Lithium. J Neurol Neurosurg Psych 41:791-793

19   Bieniek R, Brochmeyer NH, Kolen M, Gnesemannn N, Scheiermann H, Gerhard L, Lehmann HJ (1988): Affection of the peripheral nervous system in HIV-Infection. In: Kubicki S, Henkes H, Bienzle U, Pohle HT (eds) HIV and the nervous system. Gustav Fischer Verlag, Stuttgart New York

20   Blümchen G, Neuerburg D, Bierk G, Berg M, Hamann M, Barthel W (1981): Herzinfarkt und periphere arterielle Verschlußkrankheit: Koinzidenz und Risikofaktoren. Herz /Kreislauf 3:131-136

21   Brass N (1980): Verlaufsuntersuchungen über EEG-Veränderungen während Hämodialyse bei terminaler Niereninsuffizienz. EEG-EMG 11:51-57

22   Breuer AC, Lynn MP, Atkinson MB, Chou SM, Wilbourn AJ, Marks KE, Culver JE, Fleegler EJ (1987): Axonal Transport in amyotrophic lateral sclerosis: An intra-axonal organell traffic analysis. Neurology 37:738-748

23   Brismar T, Sima AAF (1981): Changes in nodal function in nerve fibres of the spontaneously diabetic BB Wistar rat: Potential clamp analysis. Acta Physiol Scand 113: 499-506

24   Brown MJ, Sumner AJ, Douglas A, Greene J, Susan M, Diamond BA, Asbury AK (1980): Distal Neuropathy in Experimental Diabetes Mellitus. Ann Neurol 8:168-178

25   Buchthal F, Rosenfalck A (1971): Sensory Potentials in Polyneuropathy. Brain 94:241-262

26   Buchthal F (1975): Electromyography (Part A) In: Reymond A (ed): Handbook of Electroencephalography and Clinical Neurophysiology. Elsevier Publ., Amsterdam

27   Büngner P, Schulze-Ehlbeck HW (1953): Polyneuritis unter Isoniazidtherapie. Dtsch Med Wochenschr 78:1459-1462

28   Burke WJG, Grant JF, Selby G, (1965): The treatment of trigeminal neuralgia: A clinical trial of carbamazepin. Med J Aust 52:494-498

29   Burke D, Skuse NF, Lethlean AK (1974): Sensory conduction of the sural nerve in polyneuropathy. J Neurol Neurosurg Psych 37:647-652

30   Buzzard EF, Greenfield JG (1921): Pathology of the Nervous System. Constable, London

31   Cape CA (1971): Sensory Nerve Action Potentials of the Peroneal, Sural and Tibial Nerve. Am J Phys Med 50:220-229

32   Chakrabarti AK, Samantaray KS (1976): Diabetic peripheral Neuropathy: Nerve Conduction Studies before, During and After Carbamazepine Therapy. Aust N Z J Med 6:565-568

33   Chopra JS, Hurwitz LJ (1967): Internodal length of sural nerve fibres in chronic occlusive vascular disease. J Neurol Neurosurg Psych 30:207-214

34   Choteau P, Clarisse H (1964): Polynevrité senso-motrice lors d'un traitement prolonge par l'imipramine. J SC Medicales de Lille 10:551-557

35   **Claus D (1987):** Neurophysiologische Untersuchungsmethoden In: Neundörfer B, Schimrigk K, Soyka D (Hrsg) Praktische Neurologie - Polyneuritiden und Polyneuropathien. Edition Medizin VCH Verlag, Weinheim. S. 137-173

36   **Collier G, Martin A (1960):** Les effets secondaires du Tofranil. Ann Med Psychol (Paris) 118:719-738

37   **Collins (1929):** Selected Readings in the History of Physiology. Zitiert nach: Fulden JF, Wilson LG; Thomas Publisher Springfield 1966

38   **Cordt A, Tackmann W (1988):** Die diabetischen Neuropathien. Nervenheilkunde 7:46-53

39   **Crepaldi G, Fedele D, Tiengo A, Battistin L, Negrin P, Pozza G, Canal N, Comi GC, Lenti G, Pagano G, Begamini L, Troni W, Frigato F, Ravenna C, Mezzina C, Gallato R, Massari D, Massarotti M, Matano R, Grigoletto F, Davis H, Klein M (1983):** Behandlung der diabetischen peripheren Neuropathie mit Gangliosiden. Acta Diabetol Lat 20:265- 276

40   **Croft PB, Henson RA, Ulrich H, Wilkinson PC (1965):** Sensory neuropathy with bronchial carcinoma: A study of four cases showing serological abnormalities. Brain 88: 501-514

41   **Corbat F (1961):** Über Messungen der Leitgeschwindigkeit am peripheren Nerven und deren Verwertung in der Klinik. Dtsch Z Nervenheilkunde 182:652-657

42   **Danner D (1981):** Messungen der Nervenleitgeschwindigkeit beim Abklingen einer Diphenylhydantoinintoxikation und während des Beginns einer Carbamazepinmedikation. Arch Psychiatr Nerven 229:267- 272

43   **Danner R (1984):** Elektrophysiologische Verlaufsuntersuchungen beim Beginn einer antikonvulsiven Therapie mit Carbamazepin. EEG-EMG 15:22-26

44   **Daube JR (1985):** Nerve Conduction studies. In: Aminoff MJ (ed) Electromyography in Clinical practice. 2nd Ed. Addison Publishing & Co., New York

45   **Daube RJ (1987):** Electrophysiologic Testing in diabetic neuropathy. In: Dyck JP, Thomas PK, Asbury AK, Winegard AI, Porte D (eds) Diabetic Neuropathy. W.B. Saunders Company, Philadelphia London, p162-176

46   **Davis FA (1972):** Impairment of repetetive impulse conduction in experimentally demyelinated and pressure-injured nerves. J Neurol Neurosurg Psychiat 35:537-544

47   **Dawson GD, (1956):** The relative excitability and conduction velocity of sensory and motor nerve fibres in man. J Physiol 131:436-451

48   **Delbecke J, Kopec J, McComas AJ (1978):** The Effect of age, temperature and disease of the refractoriness of human nerve and muscle. J Neurol Neurosurg Psychiat 41: 65-71

49   **Delisa JA, Mackenzie K, Baran EM (1987):** Manual of Nerve Conduction Velocity and Somatosensory Evoked Potentials. 2nd ed. Raven Press, New York

50   **DiBenedetto M (1970):** Sensory Nerve Conduction in Lower Extremities. Arch Physic Med Rehabil 51:253-258

51   **DiBenedetto M (1972):** Evoked sensory potentials in peripheral neuropathy. Arch Physic Med Rehabil 53:126-134

52   **Diehm CH, Möhrl H (1983)**: Beta-Blockade und periphere Durchblutung. In: Schettler G, Möhrl H, Lohmann FW, Wirth A (Hrsg): Metabolische und kardio-protektive Effekte durch Beta-Rezeptoren-Blockade. Springer Verlag, Berlin, Heidelberg, New York, Tokyo. p113-120

53   **Dong MM, Liveson JA (1983)**: Nerve conduction Handbook. F.A. Davis Compagny, Philadelphia

54   **Dorndorf W (1984)**: Arboviren. In: Gänshirt H, Berlit P, Haak G (Hrsg): Akute und entzündliche Erkrankungen des Zentralnervensystems und seiner Hüllen. Perimed, Erlangen

55   **Doyle JB, Cannon EF (1950)**: Severe Polyneuritis following Gold- therapy for rheumatoid arthritis. Ann intern Med 33:849-879

56   **Drechsler B (1964)**: Elektromyographie. VEB Verlag, Leipzig

57   **Du Bois-Reymond E (1843)** Vorläufiger Abriß einer Untersuchung über den sogenannten Froschstrom und über die elektromotorischen Fische. Poggendorfs Ann 58:1

58   **Dubois EL, Tuffanelli DL (1964)**: Clinical Manifestations of systemic lupus erythematosus. Computer analysis of 520 cases. JAMA 190:104-111

59   **Dudel J (1980)**: Funktion der Nervenzellen. In: Schmidt RF, Thewes G (Hrsg) Physiologie des Menschen. Springer Verlag, Berlin Heidelberg New York

60   **Dyck PJ (1975)**: Inherited neuronal degeneration and atrophy affecting peripheral motor, sensory and autonomic neurons. In: Dyck PJ, Thomas PK, Lambert EH, Bunge R (eds): Peripheral Neuropathy. Vol. 2 Saunders, Philadelphia London Toronto Tokyo, p1600-1642

61   **Dyck PJ, Karnes LJ, O Brian P, Okazaki H, Lais A (1986)**: The spatial Distribution of Fiber Loss in Diabetic Polyneuropathy Suggests Ischemia. Ann Neurol 19:440-449

62   **Dyck PJ, Lais A, Karnes JL, O Brian P, Rizza R (1986)**: Fiber Loss Is Primary and Multifocal in Sural Nerves in Diabetic Polyneuropathy. Ann Neurol 19:425-439

63   **Eames RA, Lange LS (1967)**: Clinical and pathological study of ischaemic neuropathy. J Neurol Neurosurg Psychiat 30:215-226

64   **Endtz LJ (1958)**: Complications nerveuses du traitement aurique. Aperçu des symptomes neurologiques and psychiatriques resultates du traitement par le B.A.L. Rev neurol (Paris) 99:395-410

65   **Engelhardt A, Druschky KF , Vogt U, Neundörfer B (1987)**: Polyneuropathie bei AIDS. Klinische und nervenbioptische Befunde. Psycho 13:358-359

66   **Enzensberger W (1989)**: Neuromanifestationen bei AIDS. Schwer Verlag, Stuttgart

67   **Erlanger J, Gasser HS (1937)**: Electrical signs of nervous activity. Univ. Pennsylvania Press, Philadelphia

68   Ernst E, Weihmayr T, Schmidt M, Baumann M, Matrai A (1986): Cardio-vascular risk factors and haemorheology physical fitness, stress and obesity. Athe-rosclerosis 59:263-266

69   Ernst E, Matrai M (1987): Abstention from chronic cigarette smoking normalizes blood rheology. Atherosclerosis 64:75-77

70   Ernst K (1966): Untersuchungen zur Frage tageszeitlicher Schwankungen der mo-torischen Leitgeschwindigkeit. Dtsche Z Nervenkeilk 189:271-274

71   Ewert T, Hielscher H, Grotemeyer KH, Hermanns M (1985): Die Nervus suralis-Neurographie mit Oberflächen- und Nadelelektroden bei Polyneuropathien. Eine vergleichende Studie. Z EEG-EMG 15:114-119

72   Fairbain JF, (1958): Severe arteriospastic disease secondary to use of ergot pre-paration. Med Clin North Am 42:971-974

73   Finkelmann I, Arieff AJ, (1942): Untowards effects of phenytoin sodium in epilepsy. JAMA 118:1209-1212

74   Forth G, Henschler H, Rummel A (1983): Pharmakologie und Toxikologie. 4. Aufl. Bibliographisches Institut, Mannheim

75   Franci G, Mallucci C (1983): Lisuridhydrogenmaleat in der Prophylaxe anfall-artiger Kopfschmerzen vom Migränetyp. Minerva Medica 74:1749-1753

76   Franz A, Conrad B (1978): Zum Problem der Früherkennung diskreter Funk-tionsstörungen peripherer Nerven. Vergleichende Untersuchungen von F-Wellen-Latenz und konventioneller motorischer Nervenleitgeschwindigkeit bei Gesunden und Diabetikern. Z EEG-EMG 9:189-199

77   Friedman AP (1979): Ergotism. In: Vinken PJ, Bruyn GW (eds) Handbook of clinical Neurology. Elsevier/North- Holland Biomedical Press, Amsterdam. p547-599

78   Fuchs CH (1834): Das heilige Feuer des Mittelalters. Ein Beitrag zur Geschichte der Epidemien. Heckers wissenschaftliche Annalen der gesamten Heilkunde 28:1-81

79   Gänshirt H (1983): Zerebrale und spinale Zirkulationsstörungen In: Hopf HC, Poeck K, Schliack H (Hrsg): Neurologie in Klinik und Praxis. Thieme Verlag, Stutt-gart. p2-54

80   Gallassi R, Montagna P, Pazzaglia P, Cirignotta F, Lugaresi E (1980): Peripheral Neuropathy due to Gasoline Sniffing. Eur Neurol 19:419-421

81   Galassi G, Gibertoni M, Mancini A, Nemni R, Volpi G, Merelli E, Vacca G (1984): Sarcoidosis of the peripheral Nerve. Clinical, Electrophysiological and Histological Study of Two Cases. Eur Neurol 23:459-465

82   Gallato R, Masari D, Massarotti M, Matano R, Grigoletto F, Davis H, Klein M (1983): Behandlung der diabetischen peripheren Neuropathie mit Gan-gliosiden. Acta diabeticol Lat 20:265-276

83   Gemignani F, Marbini A, Bragaglia MM, Govoni E (1984): Pathological Study of the Sural Nerve in Fabry's Disease. Eur Neurol 23:173-181

84   Gibbels E (1984): Entzündliche Polyneuropathien - Klinik und Differentialdia-gnose. In: Gerstenbrand F, Mamoli B: Metabolische und Entzündliche Polyneuro-pathien. Springer Verlag, Berlin Heidelberg Tokyo New York

85 **Gibbels E, Hann P (1984):** Rezidivierende und chronische Polyneuropathien. In: Gerstenbrand F, Mamoli B: Metabolische und Entzündliche Polyneuropathien. Springer Verlag, Berlin Heidelberg Tokyo New York

86 **Gilliat RW, Sears TA (1958):** Sensory nerve action potentials in patients with peripheral nerve leasons. J Neurol Neurosurg Psychiatr 21:109-114

87 **Gilliatt RW, Williamson RG (1963):** The refractory period and subnormal periods of the human median nerve. J Neurol Neurosurg Psychiat 26:136-147

88 **Gimenez-Roldan S, Martin M (1981):** Tabetic Lightning Pains: High Dosage Intravenous Penicillin versus Carbamazepine Therapy. Eur Neurol 20:424-428

89 **Goodman LS, Gilman A (1970):** The Pharmacological Basis of Therapeutics. The Macmillan Company, London

90 **Gregersen G (1967):** Diabetic neuropathy: Influence of age, sex, metabolic control and duration of diabetes on motor conduction velocity. Neurology 17:972-977

91 **Grotemeyer KH, Husstedt IW, Schlake HP (1986):** Die Nervus suralis Leitgeschwindigkeit und die relative Refraktärperiode bei Patienten unter einer Ergotalkaloidtherapie. Z EEG-EMG 17:16-19

92 **Grotemeyer KH, Husstedt IW, Schlake HP (1989):** Hämorheologische Untersuchungen bei Patienten mit diabetischer Polyneuropathie. Verhandlungsberichte der deutschen Gesellschaft für Hämorheologie. Münchener Wissenschaftliche Publikationen. Im Druck

93 **Guiloff SA, Sherratt RM (1977):** Sensory conduction in the medial plantar nerve. J Neurol Neurosurg Psychiat 40:1168-1181

94 **Gutjahr L, Macheleid W (1983):** Tageszeitliche, mehrtägige und jahreszeitliche Veränderungen der Nervenleit-geschwindigkeit unter Berücksichtigung von Temperatureinflüssen, Teil I: Tagesrhythmik. Z EEG-EMG 14:55-65

95 **Gybels J, Van Hees J (1973):** Unit Activity from Human Skin Mechanoreceptors. An Example of Microneurographic Studies in the Human. In: Desmedt JE (ed): Pathological Conduction in Nerve Fibres, Electromyography of Sphincter Muscles, Automatic Analysis of Electromyogram with Computers Vol. 2, S. Karger, Basel München Paris London New York Sydney, 85-88

96 **Haase J (1979):** Neurophysiologie. Urban und Schwarzenberg, München Wien Baltimore

97 **Haller J (1778):** Zitiert nach: Rothschuh KE (1968): Physiologie, Verlag Karl Alber, Freiburg

98 **Hart FD, Golding JR (1960):** Rheumatoid neuropathy. Br med J 1:1594-1599

99 **Healton EB, Garret JT, Brust JCM, Lindenbaum J (1983):** The Neurological Complications of Vitamin B12-Deficiency in patients with and without Anaemia. Neurology 33:199-201

100 **Heimans JJ Bertelsmann FW, Van Roy JCGM (1986):** Large and Small Nerve Fiber Function in Painful Diabetic Neuropathy. J Neurol Sci 74:1-9

101 **Helmholtz von H (1867):** Mitteilung betreffend Versuche über die Fortpflanzungsgeschwindigkeit in den motorischen Nerven des Menschen, welche Herr Baxt

aus Petersburg im physiologischen Laboratorium zu Heidelberg ausgeführt hat. M Ber Kgl Preuß Akad Wissensch Berlin S. 228-234

102 **Helmholtz von H (1864):** Versuche über das Muskelgeräusch. Arch Anat u Physiol:766

103 **Herrmann WM, Horowski R, Dannehl K, Kramer U, Lurati K (1977):** Clinical Effectivness of Lisuride Hydrogen Maleate: A Double-Blind Trial Versus Methysergide. Headache 17:54-60

104 **Hertel G, Ricker K (1986):** Myatrophische Lateralsklerose. In: Hopf HC, Poeck K, Schliak H (Hrsg) Neurologie in Klinik und Praxis, Bd III. Thieme Verlag, Stuttgart. 3.18-3.28

105 **Hess H (1977):** Obliterierende Arteriosklerose In: Hornbostel H, Kaufmann G, Siegenthaler W (Hrsg) Innere Medizin in Praxis und Klinik, Bd. I Thieme Verlag, Stuttgart. 2.13-2.20

106 **Hirson C, Feinmann EL, Wade HJ (1953):** Diabetic Neuropathy. Br Med J 27:1408-1413

107 **Ho DD, Rota TR, Schooley RT (1985):** Isolation of HTLV III from cerebrospinal fluid and neural tissues of patients with neurologic syndroms related to aquired immunodeficiency syndrome. N Engl J Med 313:1493-1497

108 **Hökendorf H, Brandt T (1979):** Elektromyographie und Elektroneurographie für neurophysiologisch-technische Assistenten. EEG-Labor 1:59-83

109 **Hodes R, Larabee GM, German W (1948):** The human electromyogram in response to nerve stimulation and the conduction velocity of motor axons. Arch Neurol Psychiat (Chic.) 60:349-390

110 **Hoffmann J, Conen D, Leibundgut U, Berger W (1982):** A Skin Test for Autonomic Neuropathy. Eur Neurol 21:29-33

111 **Hoffmann P, (1922):** Untersuchungen über die Eigenreflexe (Sehnenreflexe) menschlicher Muskeln. Springer Verlag, Berlin

112 **Hokkanen E, Waltimo D, Kallanranta T (1978):** Toxic effects of ergotamine used for migraine. Headache 18: 95-98

113 **Honet JC, Jebseb T, Perrin ET (1968):** Variability of nerve conduction velocity determinations in normal persons. Arch phys Med 49:650-653

114 **Hopf HC (1968):** Über die Veränderungen der Leitfunktion peripherer motorischer Fasern durch Diphenylhydantoin. Dtsch Z Nervenheilk 193:41-43

115 **Hopf HC, Kim SW (1969):** Does the conduction velocity of slow and fast motor fibres of the ulnar nerve vary in the course of the day or a longer period of time? Electroenceph Clin Neurophysiol 26:438

116 **Hopf HC, Lowitzsch K (1974):** Methoden zur Erkennung leichter Funktionsstörungen peripherer Nerven. Z EEG-EMG 5:142-50

117 **Hopf HC, Lowitzsch K (1975):** Relative Refractory Periods of Motor Nerve Fibres. In: Kunze K, Desmedt JE (eds): Studies on Neuromuscular Disease. Proc. Int. Symp. Gießen 1973, Karger, Basel. p 264-267

118 **Hopf HC, Le Quesne PM, Willison RG (1975):** Refractory Period and Lower Limiting Frequencies of Sensory Fibers of the Hand. In: Kunze K, Desmedt JE (eds): Studies on Neuromuscular Disease. Proc. Int. Symp. Gießen 1973, Karger, Basel. p 258-263

119 **Hopf HC, Lowitzsch K, Galland J (1976):** Conduction Velocity During the Supernormal and late Subnormal Periods in Human Nerve Fibres. J Neurol (Berlin) 211:293-296

120 **Hopf HC, Eysholdt M (1978):** Impaired Refractory Periods of Peripheral Sensory Nerves in Multiple Sclerosis. Ann Neurol 4:499- 501

121 **Hopf HC, Kaeser HE, Ludin HP, Ricker K, Stölzel R, Struppler A, Tackmann W (1979):** Grundbedingungen für die Durchführung elektromyographischer Untersuchungen. Teil I: EMG, Nervenleitgeschwindigkeit und Endplattenbelastung. Z EEG-EMG 10:57-61

122 **Hopf HC (1986):** Effect of diphenylhydantoin on peripheral nerves. Electroenceph clin Neurophysiol 25:393

123 **Hopf HC (1988):** Nervenleitgeschwindigkeit. In: Schliak H, Hopf HC (Hrsg): Diagnostik in der Neurologie. Thieme Verlag, Stuttgart. 343-366

124 **Husstedt IW, Grotemeyer KH, Schlake HP, Brune GG (1988):** Dysfunktion des Nervus suralis bei Zigarettenrauchern. Z EEG-EMG 19:161-164

125 **Husstedt IW, Grotemeyer KH, Schlake HP (1989):** Paired stimulation and functional change of the sural nerve during beta blocker therapy. Clin Neurol Neurosurg 91:311-316

126 **Husstedt IW, Kuhs H, Rudolf GAE, Brune GG (1989):** Antidepressants and the Peripheral Nervous System. Acta Psychiatr Scand 80 (supp. 350):147-148

127 **Isaacs AD, Carlish S (1963):** Peripheral neuropathy after amitriptyline. Br med J 1:1793

128 **Jiminiez J, Easton JKM, Redford JB (1975):** Conduction studies of the anterior and posterior tibial nerves. Arch Phys Med Rehabil 51:164-167

129 **Jörg J, Polak G (1984):** Sensible Nervenaktionspotentiale unter Ischämie und Kompression bei Drucklähmungen und Diabetes mellitus. Nervenarzt 55:75-82

130 **Jörg J, Meth F, Scharafinski H (1988):** Zur medikamentösen Behandlung der diabetischen Polyneuropathie mit Vitamin B Präparaten. Nervenarzt 59:36-44

131 **Johnson FN, Amdisen A (1983):** The first Aera of Lithium in Medicine. An Historical Note. Pharmacopsych 16:61-63

132 **Johnson PC, Doll SC, Cromey DW (1986):** Pathogenesis of Diabetic Neuropathy. Ann Neurol 19:450-457

133 **Kayser-Gatchalian MC, Neundörfer B (1984):** Sural Nerve Conduction in Mild Polyneuropathy. J Neurol 231: 122-125

134 **Keyserlingk H (1988):** Alkoholismus - Organisationsmodelle - Diagnostische Strategie - Therapeutische Konzepte. In: Rabending G, Schulze AF, Ernst K, Glaß

J, Feudell P, Göllnitz G (Hrsg): Psychiatrie und Neurologie in der medizinischen Grundbetreuung. S.Hirzel-Verlag, Leipzig

135 **Kimura J, Yamada T, Rodnitzky RL (1978):** Refractory period of human nerve fibres. J Neurol Neurosurg Psychiat 41:784-790

136 **Kimura J (1983):** Electrodiagnosis in Diseases of Nerve and Muscle. F.A. Davis Company, Philadelphia

137 **Kito S, Itoga E, Kamiya K, Kishida T, Yamamura Y (1980):** Studies on Familiar Amyloid Polyneuropathy in Ogawa Village, Japan. Eur Neurol 19:141-151

138 **Klemm E, Tackmann W (1988):** Die alkoholische Polyneuropathie. Nervenheilkunde 7:54-57

139 **Knoll O, Speckmann EJ (1977):** Neurophysiologische Untersuchungsmethoden in der Verlaufskontrolle der urämischen Intoxikation. Hippokrates 48:174-179

140 **Kolle K, Schaltenbrandt W, Töbel F (1952):** Zur Frage der infektiösen Polyneuritis. Dtsch Z Nervenheilkunde 167:215-217

141 **Krämer G (Hrsg) (1987):** Farbatlanten der Medizin. Band 5, Teil 1. Thieme Verlag, Stuttgart New York

142 **Krause KH, Schmitt HP, Berlit P (1981):** Über die Kombination zwischen alkoholischer Polyneuropathie und Myopathie. Nervenarzt 52:723-731

143 **Kuchling H (1975):** Physik - Formeln und Gesetze. VEB Fachbuchverlag, Leipzig.

144 **Künkel H (1988):** Das EEG in der neurologischen Diagnostik. In: Hopf HC, Schliak H (Hrsg) Diagnostik in der Neurologie. Thieme Verlag, Stuttgart New York. 276-313

145 **Kumamoto T, Fukuhara N, Miyatake T, Araki K, Takahashi Y, Araki S (1986):** Experimental Neuropathy Induced by methyl Mercury Compounds: Autoradiographic Study of GABA Uptake by Dorsal Root Ganglia. Eur Neurol 25:269-277

146 **La Fratta CW, Smith OH (1963):** A study of the relationship of motor nerve conduction velocity in the adult as to age, sex and handedness. Arch phys Med Rehabil 44:44-48

147 **Lahoda F, Werner W (1984):** Therapeutische Möglichkeiten bei Polyneuropathien. Einhorn-Presse Verlag, Hamburg.

148 **Lambert EH, Dyck PJ (1984):** Compound Action Potentials of Sural Nerve in Vitro in Peripheral Neuropathy. In: Dyck PJ, Thomas PK, Lambert EH, Bunge R (eds) Periperal Neuropathy Vol.I., W.B.Saunders Company, Philadelphia, London, Toronto, Mexico City, Sydney. 1030- 1044

149 **Lang AH, Björkqvist SE (1971):** Die Nervenleitgeschwindigkeit peripherer Nerven beeinflussende konstitutionelle Faktoren beim Menschen. Z EEG-EMG 2:162-170

150 **Lang AH, Forsström J, Blörkquist SE, Kuusela V (1977):** Statistical Variation of nerve conduction velocity. J Neurol Sci 33:229-241

151 **Lascelles RG, Thomas PK (1966):** Changes due to age in internodal length of the sural nerve in man. J Neurol Neurosurg Psychiat 29:40-46

152 **Lawyer T, Netsky MD (1953):** Amyotrophic lateral sclerosis: A clinical-anatomic study of 53 cases. Arch Neurol Psychiat 69:171-192

153 **Lea AJ (1952):** A survey of 501 cases of bronchogenic carcinoma. Thorax 1:305-309

154 **Lefebvre D, Amour M, Shahani BT, Young RR, Bird KT (1979):** The importance of studying sural nerve conduction and late responses in the evaluation of alcoholic subjects. Neurology 29:1600-1604

155 **Lehmann HJ (1967):** Zur Pathophysiologie der Refraktärperiode peripherer Nerven. Dtsch Z Nervenheilk 192:185-192

156 **Lehmann HJ, Tackmann W (1971):** Refraktärperiode und Übermittlung von Serienimpulsen des Meerschweinchens bei experimenteller allergischer Neuritis. Z Neurol 199:67-85

157 **Lehmann HJ, Muche H, Schütt P (1977):** Refractory Period of Human Sural Nerve Potential Related to Age in Healthy Probands. Eur Neurol 15:85-93

158 **Lennox B, Prichard S (1950):** The association of bronchial carcinoma and peripheral neuritis. Q J Med 19: 97-110

159 **Lisak RP, Mitchell M, Zweigmann B, Orrechio E, Asbury AK (1977):** Guillain-Barre Syndrom and Hodgkins disease: Three cases with immunological studies. Ann Neurol 1:72-75

160 **Logothetis J, Silverstein P, Coe J (1960):** Neurologic Aspects of Waldenströms Macroglobulinäemia. Report of a Case. Arch Neurol 3:564-573

161 **Low PA, McLeod JG (1977):** Refractory period, conduction of trains of impulse, and effect of temperature on conduction in chronic hypertrophic neuropathy. J Neurol Neurosurg Psychiat 40:434-447

162 **Low PA (1987):** Recent Advances in the Pathogenesis of Diabetic Neuropathy. Muscle & Nerve 10:121-128

163 **Low AP (1988):** Vascular and hypoxic Factors in chronic experimental and human diabetic neuropathy. Abstract, Symposium Diabetic Neuropathy, Singapore

164 **Lowitzsch K, Hopf HC (1973):** Refraktärperiode und frequente Impulsfortleitung im gemischten Nervus ulnaris des Menschen bei Polyneuropathien. Z Neurol 205:123-144

165 **Lowitzsch K, Hopf HC (1975):** Propagation of Compound Action Potentials of the Mixed Peripheral Nerves in Man at High Stimulus Frequencies. In: Kunze K, Desmedt JE (eds): Studies on Neuromuscular Disease. Proc. Int. Symp. Gießen 1973, Karger, Basel. 244-250

166 **Lowitzsch K, Hopf HC, Galland J (1977):** Changes of Sensory Conduction Velocity and Refractory Periods with Decreasing Tissue Temperature in Man. J Neurol (Berlin) 216:181-188

167 **Lowitzsch K, Goehring U, Hecking G, Köhler H (1981):** Refractory Period, sensory conduction velocity and visual evoked potentials before and after haemodialysis. J Neurol Neurosurg Psychiat 44:121-128

168 Lowitzsch K, Maurer K, Hopf HC (1982): Temperaturabhängigkeit verschiedener elektrophysiologischer Meßgrößen. In: Struppler A (Hrsg) Elektrophysiologische Diagnostik in der Neurologie. Thieme, Stuttgart New York. 124-126

169 Lowitzsch K (1984): Reversible Funktionsstörungen bei der urämische Polyneuropathie: Nachweis durch die Refraktärperiode. In: Gerstenbrand F, Mamoli M (Hrsg): Metabolische und Entzündliche Polyneuropathien. Springer Verlag, Berlin. 76-83

170 Ludin HP (1981): Praktische Elektromyographie. Enke Verlag, Stuttgart

171 Ludin HP, Tackmann W (1979): Sensible Neurogaphie. Thieme Verlag, Stuttgart New York

172 Ludin HP (1984): Elektrophysiologie der entzündlichen Polyneuropathien. In: Gerstenbrand F, Mamoli B (eds) Metabolische und Entzündliche Polyneuropathien. Springer Verlag, Berlin Heidelberg Tokyo New York. 143-146

173 Ludin HP, Tackmann W (1984): Polyneuropathien. Thieme Verlag, Stuttgart New York

174 Lühdorf K, Nielsen JC, Orbak K, Hammerberg PE (1983): Motor and sensory conduction findings in man before and after carbamazepine treatment. Acta Neurol Scand 67:103-107

175 Mah V, Vartavarian LM, Akers MA, Vinters HV (1988): Abnormalities of peripheral Nerve in Patients with Human Immunodeficiency Virus Infection. Ann Neurol 24:713-717

176 Mamoli M, Mayr H, Gruber H, Maida A (1980): Elektroneurographische Untersuchungen am Nervus suralis. Methodische Probleme und Normwerte. Z EEG-EMG 11:119-127

177 Mamoli B, Brunner G, Mader R, Schanda H (1980): Effects of cerebral Gangliosides in the Alcoholic Polyneuropathies. Eur Neurol 19:320-326

178 Mancardi GL, Cadoni A, Zicca A, Schenone A, Tabaton M, DE Martini I, Zaccheo D (1988): HLA-DR Schwann cell reactivity in peripheral neuropathies of different origins. Neurology 38:848-851

179 Mapelli G, Pavoni T, Bellelli T, Baroncini W, Manente A, Di Bari M (1981): Neurosyphilis Today. Eur Neurol 20:334-343

180 Marey EL, (1876): Des mouvements que produit le coeur lorsque il est soumis a des excitationes arteficielles. C R Acad Sci (Paris) 82:408-421

181 Maurer K, Hopf HC, Lowitzsch K (1977): Hypokalemia shortens relative refractory period of peripheral sensory nerves in man. J Neurol (Berlin) 216:67-71

182 Mayer RF (1965): Peripheral nerve function in vitamin B12-deficiency. Arch Neurol 13:355-362

183 Mayr N, Wimberger D, Mamoli B, Vierhapper H (1985): Untersuchungen der kardiovaskulären Reflexe, der Vibrationsschwelle und der elektroneurographischen Parameter des Nervus suralis und peronaeus bei Typ I Diabetikern. Z EEG-EMG 16:164

184 Mayr N, Mamoli B (1983): Temperaturabhängigkeit und intraindividuelle Variabilität elektomyographischer Parameter es Nervus suralis. Z EEG-EMG 14:96-100

185 **Mattingly GE, Fischer VW (1985):** Peripheral Nerve Axonal Dwindling with Concommitant Myelin Sheat Hypertrophy in Experimentally Induced Diabetes. Acta Neuropathol (Berlin) 68:149-154

186 **Mc Leod JG (1984):** Carcinomatous Neuropathy. In: Dyck PJ, Thomas PK, Lambert EH, Bunge R (eds) Peripheral Neuropathy Vol.I., W.B.Saunders Company, Philadelphia, London, Toronto, Mexico City, Sydney

187 **McMillan DE (1984):** The Microcirculation in Diabetes. Microcirculation 1:3-24

188 **Meadow GG, Huff MR, Fredricks S (1982):** Amitriptyline-related peripheral Neuropathy relieved during pyridoxine hydrochloride administration. Drug Intell Clin Pharm 16:876-877

189 **Meier C, Bischoff A (1977):** Polyneuropathy in Hypothyreodism. Clinical and Nerve Biopsy Studies in four Cases. J Neurol (Berlin) 215:103-114

190 **Meier C (1984):** Pathologie der entzündlichen Polyneuropathien. In: Gerstenbrand F, Mamoli M (eds): Metabolische und Entzündliche Polyneuropathien. Springer Verlag, Berlin Heidelberg Tokyo New York. p134-142

191 **Meyer JG, Neundörfer B, Rethel R, Walker G, Bayerl J (1981):** Über die Beziehung zwischen alkoholischer Polyneuropathie und Vitamin B 1, B 12 und Folsäure. Nervenarzt 52:329-332

192 **Miller GR, Kiprov DD, Parry G, Bredesen DE (1988):** Periperal nervous system Dysfunction in aquired immunodeficiency Syndrome. In: Rosenblum ML, Levy RL, Bredesen DE (eds): AIDS and the nervous system. Raven Press, New York. 65-78

193 **Millette TJ, Subramony SH, Wee AS, Harisdangkul V (1986):** Systemic Lupus Erythematodes Presenting with Recurrent Acute Demyelinating Polyneuropathy. Eur Neurol 25:397-402

194 **Morris JC, Dodson WE, Hatlelid M, Ferrendelli JA (1987):** Phenytoin and carbamazepine, alone and in combination. Neurology 37:1111-1118

195 **Morselli Pl, Gerna M, Garattini S (1971):** Carbamazepine plasma and tissue levels in the rat. Biochemical Pharmacology 20:2043-2047

196 **Morton Dl, Itabashi HH, Grimes DR (1967):** Nonmetastatic neurological complications of bronchogenic carcinoma. The carcinomatous neuromyopathies. J Thorac Cardiovasc Surg 51:14-28

197 **Muche H, Schütt P (1980):** Zum Prinzip der automatischen Bestimmung der Amplitude, Leitungsgeschwindigkeit und Refraktärperiode des Summenaktionspotenials peripherer Nerven. Ergebnisse am Nervus suralis des Menschen. Z EEG-EMG 11:72-76

198 **Müller J (1835):** Handbuch der Physiologie des Menschen, Koblenz

199 **Muff S, Meienberg O (1983):** Irreversible neurologische Schäden durch Lithiumtherapie. DMW 108: 663-665

200 **Muir WW, Strauch SM, Schaal SF (1982):** Effects of tricyclic antidepressants drugs on the electrophysiological properties of dog Purkinje fibers. J cardiovasc Pharmacol 4:82-90

201 Murray IPC, Simpson J (1958): Acroparaesthesia in myxoedema. A Clinical and Electromyographic study. Lancet 1:1360-1363

202 Myhre L, Roed A, Aars H (1977): Inhibitory effect of propranolol on tetanic contractions in rabbit. Eur J Pharmacol 42:355-361

203 Neary D, Ochoa J, Gilliatt JW (1975): Subclinical entrapment neuropathy in man. J Neurol Sci 24:283-286

204 Nelson IS, Fitch LD, Fischer VW, Braun OG, Hoa AC (1981): Progressive neuropathological leasons in Vitamine E deficit rhesus monkeys. J Neuropath Exp Neurol 40: 166-168

205 Negrin P, Lelli S (1987): The practical value of electromyographic parameters in diabetic neuropathy: Our experience in 1276 patients. Electroenceph clin Neurophysiol 27:283-287

206 Neundörfer B (1972): Ein Beitrag zur Alkoholpolyneuropathie. Fortschr Neurol Psychiat 40:270-286

207 Neundörfer B, Adler C (1972): Vergleichende elektroneurographische Untersuchungen mit Oberflächen- und Nadelelektroden. Z EEG-EMG:153-158

208 Neundörfer B (1978): Diagnose von Polyneuritiden und Polyneuropathien in der Allgemeinpraxis. Materia medica Nordmark 30:117-128

209 Neundörfer B, Kömpf D, Dedden J (1983): Suralisneurographie: Vergleichende Untersuchung bei Reizung mit Oberflächen- und Nadelelektroden. Z EEG-EMG 14:39-42

210 Neundörfer B, Claus C, Burkowski H (1984): Neurologische Folgeerkrankungen bei chronischem Alkoholismus. Wien Klin Wochenschr 96:576-580

211 Neundörfer B, Claus D (1986): Differentialdiagnose, Pathogenese und Therapie der alkoholischen Polyneuropathie. Fortschr Neurol Psych 54:241-247

212 Neundörfer B (1987): Vaskulär bedingte Polyneuropathien. In: Neundörfer B, Schimrigk K, Soyka D (Hrsg) Praktische Neurologie. Polyneuritiden und Polyneuropathien. Edition Medizin VCH Verlag, Weinheim. 255-268

213 Newrick P, Wilson AJ, Jakubowski J, Boulton AJM, Ward JD (1986): Sural nerve oxygen tension in diabetes. Br Med J 293:1053-1054

214 Noel P (1973): Diabetic Neuropathy In: Desmedt JE (ed): Pathological Conduction in Nerve Fibres, Electromyography of Sphincter Muscles, Automatic Analysis of Electromyogram with Computers. Vol. 2, S. Karger, Basel München. 318-323

215 Noel P (1973): Sensory nerve conduction in the upper limbs at various stages of diabetic neuropathy. J Neurol Neurosurg Psychiat 36:786-796

216 Osterman PO, Vedeler CA, Ryberg B, Fagius J, Nyland H (1988): Serum antibodies to peripheral nerve tissue in acute Guillain-Barre syndrome in relation to outcome of plasma exchange. J Neurol (Berlin) 235:285-289

217 Pages M, Pages AM (1983): Lebers Disease with Spastic Paraplegia and peripheral Neuropathy. Eur Neurol 22:181-185

218 **Pallis CA, Scott JT (1965):** Peripheral neuropathy in rheumatoid arthritis Br med J 1:1141-1147

219 **Perkin GD (1974):** Ischaemic lateral popliteal nerve palsy due to ergotintoxication. J Neurol Neurosurg Psych 37:1389-1391

220 **Pieper W (1982):** Innere Medizin. Springer Verlag, Heidelberg

221 **Pollock M, Nukuda H, Taylor P, Donaldson I, Carrol G (1983):** Comparison between fascicular and whole sural nerve biopsy. Ann Neurol 13:65-68

222 **Pomeranze J (1959):** Subtreshold Diabetes. Ann Intern Med 51:219-226

223 **Porter IH, Pallis C (1960):** Polyneuritis and central Hypertension due to non-parotic mumps. Lancet 1:362-363

224 **Potton F, Gerest F, Peillon S, Gonthier R (1976):** Polyradiculonevritè chronique relevatrice d'un myxoedème - regression therapeutique. Lyon Med 15:217-219

225 **Powell HC, Rodriguez M, Hughes RAC (1984):** Microangiopathy of vasa nervorum in dysglobulinaemic neuropathy. Ann Neurol 15:386-394

226 **Powell HC, Rosoff J, Myers RR, (1985):** Microangiopathy in human Diabetic neuropathy. Acta Neuropathol (Ber) 68:295-305

227 **Powell HC, Myers RR, (1985):** Axonopathy and Microangiopathy in Chronic Alloxan Diabetes. Acta Neuropathol (Ber) 65:127-128

228 **Powles RL, Malpas JS (1967):** Guillain-Barré Syndrome associated with chronic lymphatic leukemia. Br med J 2:286-287

229 **Pozza G, Saibene V, Comi G, Canal N (1981):** The Effect of Gangliosides Administration in Human Diabetic peripheral Neuropathies. In: Rapport MM, Gorio A (eds) gangliosides in neurological and neuromuscular function, development and repair. Raven Press, New York. 253-257

230 **Preswick G, Jeremy D (1964):** Subclinical Polyneuropathy in renal insufficiency. Lancet 2:731-732

231 **Prichard BNC, Owens CWJ (1984):** β-Adrenoreceptor Blocking Drugs. In: Birkenhäger WH, Reid JL (eds): Handbook of Hypertension. Vol.I, Elsevier, Amsterdam New York Oxford. 422-485

232 **Radtke RA, Erwin A, Erwin CW (1986):** Abnormal sensory evoked Potentials in amyotrphic lateral sclerosis. Neurology 36:796-801

233 **Ramirez JA, Mendell JR, Warmolts JR Griggs RC (1986):** Phenytoin Neuropathy. Structural Changes in the Sural Nerve. Ann Neurol 19:162-167

234 **Rank JB (1981):** Extracellular stimulation. In: Patterson MM, Kesner RP (eds): Electrical Stimulation Research Techniques. Academic Press, New York London Toronto Sydney San Francisco. 2-34

235 **Rappelsberger P (1979):** Elektroden und deren Eigenschaften: Was sollte eine EEG-Assistentin darüber wissen? EEG Labor 1:25-40

236 **Resnick L, Berger JR, Shapshak P, Tourtellotte WW (1988):** Early penetration of blood-brain barrier by HIV. Neurology 38:9-14

237 Ritchie JM (1967): The oxygen consumption of mammalian nonmyelinated nerve fibers at rest and during activity. J Physiol 188:309-312

238 Rizzuto N, De Grandis D, Di Trapani G, Pasinato E (1980): n-Hexane Polyneuropathy. Eur Neurol 19:308-315

239 Robert L, Labat-Robert J (1988): Aging of extracellular Matrix, its Role in The Developement of Age-associated Diseases. In: Bergener M, Ermini M, Stähelin HB (eds): Crossroads in Aging. The 1988 Sandoz Lectures in Gerontology. Academic Press, London San Diego New York Tokyo. 105-128

240 Roig M, Santamaria J, Fernandez E, Colomer J (1985): Periperal Neuropathy in Meningococcal Septicemia. Eur Neurol 24:310-313

241 Rosenberger K (1977): Vaskuläre Polyneuropathien bei primär chronischer Polyarthritis. Fortschr Neurol Psych 45:536-544

242 Rychlik R, Lohaus R (1986): Zur Epidemiologie arteriosklerotischer Risikofaktoren bei peripherer Verschlußkrankheit. Herz/Kreisl. 18:317-322

243 Sachs L (1987): Angewandte Statistik. Springer-Verlag, Berlin Heidelberg, New York

244 Saunders FA (1974): Electrocoutaneous Displays. In: Gerald FA (ed): Coutaneous communication systems and devices. Psychonomic Society, Austin TX 20-26

245 Schäublin C (1989): AIDS-Kompendium Hoechst 89. MMCS Basel

246 Schaltenbrandt G (1975): Die mitteleuropäischen Arbovirusinfektionen. Klinik und neuropathologische Befunde. In: Müller KW, Schaltenbrandt G (Hrsg): Arboviruserkrankungen des Nervensystems in Europa. Thieme Verlag, Stuttgart

247 Schlegel U, Cordt A, Tackmann W (1988): Paraneoplastische und immunologisch vermittelte Polyneuropathien. Nervenheilkunde 7:58-69

248 Schmutz M, Klebs T, Mondadori C, Olpe HR (1987): Das pharmakologische Profil von Carbamazepin. In: Hopf H, Krämer G (Hrsg): Carbamazepin in der Neurologie. Thieme Verlag, Stuttgart. 4-13

249 Schreurs J, Seelig T, Schulman H (1986): Beta-2 adrenergic Receptors on peripheral nerves. J Neurochem. 46:294-296

250 Schuchmann JA (1977): Sural Nerve Conduction: A Standardized Technique. Arch Phys Med Rehabil 58:166-168

251 Schütt P, Muche H, Gallenkamp U, Lehmann HJ (1979): Reversible Funktionsstörungen periherer Nerven bei Patienten mit Schilddrüsenerkrankungen. Z EEG-EMG 10:101-105

252 Schütt P, Muche H, Lehmann HL, Hielscher H (1980): Sural Nerve Conduction Velocity and Refractory Period in Diabetics Without Clinical Signs of Neuropathy. Hormon metabol res 9:39-42

253 Schütt P, Muche H, Lehmann HJ (1983): Refractory period impairment in sural nerves of diabetics. J Neurol (Berlin) 229:113-119

254 Schuhmacher K (1982): Immunreaktiv ausgelöste Vaskulitiden und Bindegewebserkrankungen. In: Gross R, Schölmerich P (Hrsg): Lehrbuch der Inneren Medizin. Schattauer Verlag, Stuttgart New York. 1183- 1201

255 **Schupp W, Strian F, Lehmannn WP (1987):** Carbamazepin bei schmerzhaften Neuropathien: Einige pathophysiologische, diagnostische und therapeutische Aspekte. In: Hopf H, Krämer G (Hrsg): Carbamazepin in der Neurologie. Thieme Verlag, Stuttgart. 190-197

256 **Sharma AK, Thomas PK (1974):** Peripheral Nerve structure and Function in Experimental Diabetes. J neurol Sci 23:1-15

257 **Sharma AK, Thomas PK (1987):** Animal models: Pathology and Pathophysiology. In: Dyck JP, Thomas PK, Asbury AK, Winegard AI, Porte D (eds): Diabetic Neuropathy. B.Saunders Company, Philadelphia. 237-252

258 **Shiozawa R, Mavor H (1969):** In vivo human nerve action potentials. Appl Physiol 26:623-629

259 **Silbernagel S, Despopoulos A (1979):** Taschenatlas der Physiologie. Thieme Verlag, Stuttgart

260 **Simon G (1985):** Herzwirksame Pharmaka. 5. Aufl. Urban & Schwarzenberg, München Wien Baltimore

261 **Sitzer G, Rolf L, Windgassen K, Themann H (1982):** Elektrophysiologische, laborchemische und histologische Querschnittsuntersuchungen bei Kollagenosen. Nervenarzt 53:187-192

262 **Shoji S, Adachi N, Kameko M, Nakagawa S (1983):** Praealbumin and Immunoglobulin in Serum and Cerebrospinal Fluid in Familiar Amyloid Polyneuropathy. Eur Neurol 22:213-216

263 **Smith RCN, Grieve RC (1963):** Peripheral neuropathy after amitriptyline. Br med J 2:254

264 **Smit T, Jakobsen J, Gaub J, Heleg-Larsen S, Trojaborg W (1988):** Clinical and Electrophysiological Studies of Human Immunodeficiency Virus-Seropositive Men without AIDS. Ann Neurol 23:295-297

265 **Smith T, Zeeberg I, Sjö O (1986):** Evoked Potentials in Multiple Sclerosis before and after High-Dose Methylprednisolone Infusion. Eur Neurol 25:67-73

266 **Soyka D (1985):** Beta-Rezeptorenblocker bei Migräne. Dtsch med Wschr 110:185-186

267 **Speckmann EJ, Walden J (1988):** Calcium-Antagonisten in der experimentellen Epilepsieforschung: Unterdrückung fokaler und generalisierter tonisch-klonischer Anfälle In: Hofferberth B, Brune G (Hrsg): Calcium-Antagonisten in der Neurologie. Springer Verlag, Berlin, Heidelberg New York. 159-174

268 **Spencer PS, Schaumburg HH (1982):** Experimental and clinical Neurotoxicology. Williams & Wilkins, Baltimore London

269 **Stefan H, Schäfer H, Kuhnen C (1986):** Abendliche Einmalgabe von CBZ-Slow-Release (CSR). Nervenarzt 57:405-407

270 **Stefan H (1985):** Nebenwirkungen von Antiepileptika auf das periphere Nervensystem und vestibulo-okuläre Funktionen. Fortschr Neurol Psychiat 53:29-32

271 **Stermann AB, Schaumburg HH (1982):** Neurotoxicity of Selected Drugs. In: Spencer PS, Schaumburg HH (eds): Experimental and clinical Neurotoxicology Williams & Wilkins Baltimore, London. 605

272 **Sterzel RB, Gutjahr L (1976):** Die periphere Neuropathie bei chronischer Niereninsuffizienz. Diagnostik und Therapie. Dtsch Med Wochenschr 101:1845-1852

273 **Stevens JC, Lofgren EP, Dyck PJ (1973):** Histometric evaluation of branches of the peronaeal nerve: technique for combined biopsy of muscle and nerve and coutaneous nerve. Brain res 52:37-42

274 **Swett JE, Bourassa CM (1981):** Electrical stimulation of the peripheral nerve. In: Patterson MM, Kesner RP (eds): Electrical Stimulation Research Techniques. Academic Press, New York London Toronto Sydney San Francisco. 244-284

275 **Strenge H, Hedderich J (1982):** Age-Dependent Changes in Central Somatosensory Conduction Time. Eur Neurol 21: 270-276

276 **Storch TJC (1938):** Complications Following the Use of Ergotamine Tartrate. JAMA 111:293-300

277 **Tackmann W, Lehmann HJ (1971):** Refraktärperiode und Serienimpulse im Nervus tibialis des Meerschweinchens bei akuter Thalliumpolyneuropathie. Z Neurol 199:105-115

278 **Tackmann W, Lehmann HJ (1974):** Refractory Period in Human Sensory Nerve Fibres. Eur Neurol 12:277-292

279 **Tackmann W, Ullerich D, Cremer W, Lehmann HJ (1974):** Nerve Conduction Studies during Relative Refractory Period in Sural Nerves of Patients with Uremia. Eur Neurol 12:341-344

280 **Tackmann W, Ullerich D, Lehamnn HJ (1974):** Tranmission of Frequent Impulse Series in Sensoy Nerves of Patients with Alcoholic Polyneuropathy. Eur Neurol 12:317-330

281 **Tackmann W, Spalke G, Oginszus HJ (1975):** Quantitative Histometric Studies and Relation of Number and Diameter of Myelinated Fibres in Electrophysiological Parameters in Normal Sensory Nerves of Man. J Neurol 212:71-84

282 **Tackmann W, Ullerich D, Lehmann HJ (1975):** Impulse Series Neurography and Paired Stimuli in Early Stages of Human Polyneuropathy. In: Kunze K, Desmedt JE (eds): Studies on Neuromuscular Disease. Proc. Int. Symp. Gießen 1973, Karger, Basel. 251-257

283 **Tackmann W, Kaeser HE, Berger W, Rueger AN (1981):** Sensory and Motor Parameters in Leg of Diabetics: Intercorrelations and Relationship to Clinical Symptoms. Eur Neurol 20:344-350

284 **Tackmann W (1982):** Neurographische Methoden zum Nachweis von Funktionsstörungen im peripheren Nerven, die mit üblichen Untersuchungsmethoden nicht erfaßt werden. In: Struppler A (Hrsg): Elektrophysiologische Diagnostik in der Neurologie. Thieme Verlag, Stuttgart. 44-47

285 **Tackmann W, Brennwald J, Nigst H (1983):** Sensory Electroneurographic Parameters and Clinical Recovery of Sensibility in Sutured Human Nerves. J Neurol 229:195-206

286 **Tavolato B, Licandro AC, Argentiero V (1980):** Lead Polyneuropathy of Nonindustrial Origin. Eur Neurol 19:273-276

287 **ten Bruggencate G (1984):** Medizinische Neurophysiologie. Thieme Verlag, Stuttgart

288 **Thomas PK (1973):** The Ultrastructural Pathology of Unmyelinated Nerve Fibres. In: Desmedt JE: Pathological Conduction in Nerve Fibres Electromyography of Sphincter Muscles Automatic Analysis of Electromyogram with Computers Vol. 2, S. Karger, Basel München Paris London New York Sydney. 227-239

289 **Thomas PK, Jefferys JGR, Sharma AK, Bajada S (1981):** Nerve conduction velocity in experimental diabetes in the rat and rabbit. J Neurol Neurosurg Psychiat 44:233-238

290 **Thomas PK (1987):** Vaskular factors in the causation of diabetic neuropathy. TINS 10:6-7

291 **Thomas PK, Calne DB Stewart G (1974):** Hereditary motor and sensory polyneuropathy (peroneal muscular atrophy). Ann Hum Genet 38:111-153

292 **Toifl K, Mamoli B, Neumann E (1984):** Subklinische Polyneuropathien bei Anorexia Nervosa. In: Gerstenbrand F, Mamoli M (Hrsg): Metabolische und Entzündliche Polyneuropathien. Springer Verlag, Berlin. 57-62.

293 **Toyka KV, Besinger UA (1984):** Immunologische Aspekte bei entzündlichen Polyneuropathien. In: Gerstenbrand F, Mamoli B (eds): Metabolische und Entzündliche Polyneuropathien. Springer Verlag, Berlin Heidelberg Tokyo New York. 128-133

294 **Trabant R (1984):** Die periphere Neuropathie bei chronischem Alkoholismus. notabene medici 14:570-577

295 **Trimmel M, Groll-Knapp E (1984):** Zur Minimierung des Elektrodenpotentials für DC-Verstärker. EEG-Labor 6:13-23

296 **Truong TX, Russo IF, Vagi I, Rippel DV (1979):** Conduction Velocity in the Proximal Sural Nerve. Arch Phys Med Rehabil 60:304- 308

297 **Van Herwaarden CLA, Binkhorst RA, Fennis JFM, Van t'Laar A (1979):** Effects of propranolol and metoprolol on haemodynamic and respiratory indices on perceived exertion during exercice on hypertensive patients. Br Heart J 41:99-101

298 **Venter CP, Joubert PH, Boys AC (1984):** Severe Peripheral Ischaemia during Concomitant Use of Beta-Blockers and Ergot. Brit Med J 289:288-289

299 **Victor M (1975):** Polyneuropathy due to nutritional deficiency and alkoholism In : Dyck PJ, Thomas PK, Lambert EH (eds): Peripheral Neuropathy. Saunders, Philadelphia. 1030-1066.

300 **Victor M (1981):** Neurologic disorders due to alcoholism and malnutrition. In: Baker ED, Baker LH (eds) Clinical Neurology, Vol 2, Harper & Row, Philadelphia

301 **Violante F, Lorenzi S, Fusello M (1985):** Uremic Neuropathy: Clinical and Neurophysiological Investigation of Dialysis Patients Using Different Chemical Membranes. Eur Neurol 24:398-404

302 **Vital C, Lacoste D, Deminiere C, Laguency A, Boisseau C, Reiffers J, Amouretti M, Brousted A (1983)**: Amyloid Neuropathy and Multiple Myeloma. Eur Neurol 22:106-112

303 **Waxman SG, Kocsis JD, Swadlow HA (1979)**: Dependence of Refractory Period as Measurement on Conduction Distance: A Computer Analysis. Electroenceph Clin Neurophysiol 47:717-724

304 **Weber W, Tackmann W, Freund HJ, Kaeser H, Obrist R, Obrecht PJ (1981)**: The Evaluation of neurotoxicity in Cancer Patients treated with Vinca Alkaloids with special Reference to Vindesine. Anticancer research 1:31-34

305 **Willer JC, Dehen H (1977)**: Respective importance of different electrophysiological parameters in alcoholic neuropathy. J Neurol Sci 33:387-396

306 **Winegard AI (1988)**: Biochemical Basis of diabetic nerve Damage. Abstract Symposium Diabetic Neuropathy, Singapore

307 **Zacharias FJ, Coven KJ, Vickers J, Wall BG (1972)**: Propranolol in Hypertension: A Study of Long-Term Therapy 1964-1970. Am Heart J 15:755-801